はじめに

「擬態」とは、生きものが、体の色や形、においなどを、ほかのものに似せることをいいます。とくに、昆虫のなかまには、おどろくほどじょうずに擬態をしている種がたくさんいます。

この本の前半では、昆虫たちの擬態を、30のタイプに分けて紹介しています。まわりと同じ色になってかくれたり、危険な昆虫のふりをしたり、さまざまな「似せかた」で天敵やえものをだます虫たちの世界を、たくさんの写真で楽しんでください。後半では、100種の昆虫と4種のクモについて、それぞれの擬態のワザや、野外での見つけかたをくわしく紹介しています。写真のなかにひそんでいる虫をさがしだすクイズにも、ぜひチャレンジしてみてください。

すごい擬態をする昆虫には、日本から遠くはなれた熱帯ジャングルなどに行かないと出会えないように思いがちですが、けっしてそんなことはありません。近くの公園や庭先などでも、気をつけてさがせば、たくさんの擬態名人を発見することができます。この本で、擬態をする昆虫たちに感動したら、ぜひ、身近な自然のなかでだましあいをくりひろげている虫たちを、自分の目で見つけだしてください。

写真と文：川邊透・前畑真実
監修：平井規央

イントロダクション … 6

「擬態」とは … 6
隠ぺい擬態 … 7
扮装擬態 … 7
攻撃擬態 … 8
ベイツ型擬態 … 8
ミュラー型擬態 … 9
昆虫のなかま分け … 10
この本の使いかた … 12

パート1　擬態のタイプ、イロイロ！ … 13

【擬態タイプ1】
広葉樹の葉 … 14

【擬態タイプ2】
葉脈 … 16

【擬態タイプ3】
針葉樹の葉 … 18

【擬態タイプ4】
草の葉 … 20

【擬態タイプ5】
枯れかけた葉 … 24

【擬態タイプ6】
食べあとのある葉 … 26

【擬態タイプ7】
花やつぼみ … 28

【擬態タイプ8】
樹木の芽 … 30

【擬態タイプ9】
樹木の枝 … 34

【擬態タイプ10】
樹木の幹 … 40

【擬態タイプ11】
枯れ葉 … 46

【擬態タイプ12】
枯れ枝 … 58

【擬態タイプ13】
地衣類や菌類 … 62

【擬態タイプ14】
地面や石 … 66

【擬態タイプ15】
ふん … 68

【擬態タイプ16】
死んだふり … 74

【擬態タイプ17】
顔はどこ？ … 76

【擬態タイプ18】
スズメバチ・アシナガバチ … 80

【擬態タイプ19】
ドロバチ … 84

【擬態タイプ20】
ハナバチ … 86

【擬態タイプ21】
その他のハチ … 88

【擬態タイプ22】
アリ … 90

【擬態タイプ23】
テントウムシ … 94

【擬態タイプ24】
ホタル … 98

【擬態タイプ25】
ベニボタル … 101

【擬態タイプ26】
毒ケムシ … 102

【擬態タイプ27】
毒のあるチョウやガ … 104

【擬態タイプ28】
ヘビ … 108

【擬態タイプ29】
トゲトゲ … 110

【擬態タイプ30】
目玉 … 112

パート2 擬態(ぎたい)する昆虫(こんちゅう)、イロイロ！ ……… 117

シロオビアゲハ ……… 118	クワエダシャク ……… 163
キアゲハ ……… 120	キエダシャク ……… 165
クロアゲハ ……… 121	オオアヤシャク ……… 167
ツマベニチョウ ……… 124	クロスジアオシャク ……… 169
キタキチョウ ……… 127	ムラサキシャチホコ ……… 171
アカシジミ ……… 129	セグロシャチホコ ……… 174
テングチョウ ……… 130	ナカグロモクメシャチホコ ……… 175
ツマグロヒョウモン ……… 131	シャチホコガ ……… 177
コノハチョウ ……… 132	ツマジロシャチホコ ……… 179
ミスジチョウ ……… 133	ホソバシャチホコ ……… 181
スミナガシ ……… 135	キノカワガ ……… 183
イシガケチョウ ……… 138	シンジュキノカワガ ……… 185
クロコノマチョウ ……… 139	キスジコヤガ ……… 187
コシアカスカシバ ……… 141	チョウセンツマキリアツバ ……… 189
ヒメアトスカシバ ……… 142	マエジロアツバ ……… 191
カレハガ ……… 143	カキバトモエ ……… 192
オオクワゴモドキ ……… 144	アカエグリバ ……… 193
ヨナグニサン ……… 145	アケビコノハ ……… 195
ヒメヤママユ ……… 146	リンゴケンモン ……… 196
クロスズメ ……… 147	ハイイロセダカモクメ ……… 197
ホシヒメホウジャク ……… 149	カワラハンミョウ ……… 200
ビロードスズメ ……… 150	トラハナムグリ ……… 201
ヤマトカギバ ……… 151	ウバタマムシ ……… 202
ギンモンカギバ ……… 153	フタモンウバタマコメツキ ……… 203
ウスギヌカギバ ……… 154	ヤノトラカミキリ ……… 205
スカシカギバ ……… 155	キスジトラカミキリ ……… 206
モントガリバ ……… 157	ゴマフカミキリ ……… 207
アゲハモドキ ……… 158	ムシクソハムシ（ナミムシクソハムシ） ……… 208
マルバネフタオ ……… 159	ユリクビナガハムシ ……… 209
ヒロバウスアオエダシャク ……… 160	イチモンジカメノコハムシ ……… 211
トビモンオオエダシャク ……… 161	ホソアナアキゾウムシ ……… 212

アカコブコブゾウムシ（アカコブゾウムシ）……213	ショウリョウバッタ……259
マダラアシゾウムシ……215	ショウリョウバッタモドキ……261
エグリトビケラ……217	ヤマトマダラバッタ……263
ベッコウガガンボ……218	カワラバッタ……265
ビロウドツリアブ……219	イボバッタ……267
ハチモドキハナアブ……221	ホソミオツネントンボ……268
トガリハチガタハバチ……222	コオニヤンマ……269
アミメクサカゲロウ……224	クモ オナガグモ……270
コマダラウスバカゲロウ……225	クモ ゴミグモ……271
ニイニイゼミ……227	クモ アカイロトリノフンダマシ……272
ヒグラシ……229	クモ アリグモ……273
トビイロツノゼミ……230	用語解説……274
ミミズク……231	さくいん……276
コミミズク……233	
キボシマルウンカ……235	
マルウンカ……236	コラム
アオバハゴロモ……237	①「じっとがまん虫」を見つけよう……23
アミガサハゴロモ……238	②ふしぎなトリックアート……56
タイコウチ……239	③リサイクルで身を守る……72
ホソヘリカメムシ……241	④虫とにらめっこ……79
イダテンチャタテ……243	⑤メスをまねるオス、オスをまねるメス……89
コカマキリ……245	⑥においのベールに守られて……92
ヒメカマキリ……247	⑦はねにクモが!?……107
ナナフシ（ナナフシモドキ）……248	⑧眼状紋にかくされたひみつ……116
エダナナフシ……249	⑨ビークマーク・コレクション……126
トゲナナフシ……252	⑩植物がイモムシに擬態??……182
アオマツムシ……253	⑪集まれ！トラじま赤ちゃん……199
カヤキリ……255	⑫くびれたウエストをめざして……223
セスジツユムシ……256	⑬体が真っ二つ!?……242
サトクダマキモドキ……257	⑭長いもののかくしかた……262
オンブバッタ……258	

イントロダクション
「擬態」とは

「擬態」とは、体の色や形、においなどをほかのものに似せること。つねに天敵※におそわれる危険にさらされている昆虫たちは、植物やまわりの環境などにまぎれて身をかくしたり、強い生きもののふりをしたりすることによって、身を守っています。また、肉食性の昆虫が、えものに気づかれずに狩りをするために、身をかくしていることもあります。弱肉強食のきびしい生きのこりのたたかいを続けるなかで、昆虫たちは、長い年月をかけて、さまざまな擬態のワザを進化させてきたと考えられます。

※自然界でその生きものの敵となる生きもののこと。つかまって食べられてしまう場合や、寄生される場合がある。

隠ぺい擬態（隠ぺい色をふくむ。）

体の色や形を、まわりの環境や物体に似せて、すがたをくらまし、ほんとうは「いる」のに「いない」ように見せかけることを「隠ぺい擬態（カムフラージュ）」といいます。※隠ぺい擬態をしていれば、天敵に気づかれることがへり、生きのびることができると考えられるのです。

この本でとりあげている隠ぺい擬態の例としては、樹皮にそっくりなキノカワガ（→p.183）や、小枝にそっくりなコミミズクの幼虫（→p.233）などがあげられます。

隠ぺい擬態は、なにも「見た目」だけにかぎった話ではありません。天敵は、視覚（目で物を見る感覚のこと）だけでなく、嗅覚（においを感じる感覚のこと）など、いろいろな感覚を使って、えものである虫たちをさがしまわっています。シャクトリムシ（シャクガ科の幼虫）のなかまには、自分のにおいを植物のにおいに似せることによって、身をかくしているものがいます。アリのにおいを自分の体にうつして、アリたちに気づかれずにアリの巣に居候（他人の家に住んで食べ物を得ること）している虫たちもいます（→p.92）。

※背景にまぎれるような隠ぺい色（保護色ともいう）は本来の擬態ではないとする考えかたもありますが、本書ではそれも擬態の一部として紹介しています。

コミミズクの幼虫
ごはんはどこだ？

扮装擬態

隠ぺい擬態のうち、鳥のふんや、枯れ葉、小枝など、自然のなかにふつうにあるものにすがたを似せて身を守ることを「扮装擬態（マスカレード）」といいます。扮装擬態をしている虫たちは、食べものとは思えないために天敵の興味をひかないので、身を守ることができると考えられます。

扮装擬態は、場合によっては、背景にまぎれるような隠ぺい色よりもすぐれていることがあります。たとえば、枯れ葉の積もった地面にまぎれてかくれている茶色い昆虫は、緑色の葉の上や白っぽい道にいると目立つので、おそわれる危険があります。しかし、枯れ葉そのものに扮装擬態をしている昆虫は、どんなところにとまったとしても、天敵の興味をひきにくく、身を守ることができるのです。この本でとりあげている扮装擬態の例としては、鳥のふんにそっくりなホソアナアキゾウムシ（→p.212）、枯れ葉にそっくりなアカエグリバ（→p.193）などがあげられます。

なんだ、枯れ葉か。
アカエグリバ

攻撃擬態

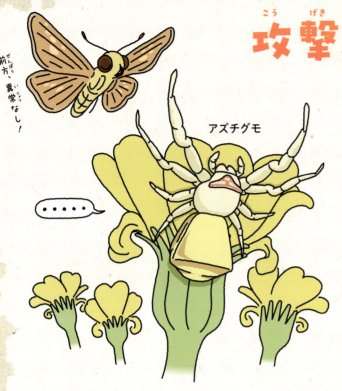

前方、異常なし！

アズチグモ

……

すがたをほかのものに似せている虫たちのなかには、天敵から身を守るためだけでなく、えものに気づかれずに狩りをすることを目的にしているものがいます。このような擬態を、「攻撃擬態（ペッカム型擬態）」といいます。さいている花のそばでこっそり待ちぶせて、蜜や花粉を求めて飛んでくる昆虫をつかまえてしまうクモのなかま（→p.29）は、攻撃擬態のわかりやすい例です。

この本でとりあげている攻撃擬態の例としては、地衣類のはえた岩肌にひそむコマダラウスバカゲロウの幼虫（→p.225）や、落ち葉の積もった地表にまぎれるコカマキリ（→p.245）などがあげられます。

ベイツ型擬態

ほんとうは害がないのに、害がある危険な生きものにすがたを似せて身を守ることを、この擬態の発見者であるイギリスの19世紀の博物学者 ヘンリー・ウォルター・ベイツにちなんで「ベイツ型擬態」といいます。

まねをされる側の生きもののことを「モデル」とよび、ニセモノのことを「擬態者」とよびます。擬態者は、すがたがモデルに似ているだけでなく、飛びかたや歩きかたまでそっくりなことがあり、ふだんから虫をよく見ている人でも、まんまとだまされてしまいます。

この本でとりあげているベイツ型擬態の例としては、毒針をもつスズメバチにそっくりなアブやカミキリムシのなかま（→p.80）、おそわれると苦い体液を出すテントウムシにすがたを似せたハムシやウンカのなかま（→p.94）などがあげられます。

ヘンリー・ウォルター・ベイツ

苦いやつキライ！

キボシマルウンカ

ミュラー型擬態

体の中に毒をもっていたり、武器をそなえていたりする危険な昆虫どうしが、おたがいに似たすがたになって効率よく身を守ることを、その発見者であるドイツの19世紀の博物学者フリッツ・ミュラーにちなんで「ミュラー型擬態」といいます。

鳥などの天敵は、危険な昆虫をつかまえようとして痛い目にあうと、そのことをおぼえていて、似たすがたの昆虫をおそわなくなります。危険な昆虫どうしがおたがいに似ていると、そのうちのどれか一つの種類をおそって痛い目にあった天敵が、似ている昆虫のグループ全体をおそいにくくなるので、ぎせいになるなかまを少なくすることができるのです。スズメバチやアシナガバチのなかまが、どの種類もよく目立つ黄色と黒のしまもようをしているのは、ミュラー型擬態をしているためだと考えられています。

フリッツ・ミュラー / スズメバチ / 黄色と黒のしまもようはもうこりごり。

オオスズメバチ

キイロスズメバチ

ヒメホソアシナガバチ

セグロアシナガバチ

博士から一言

ここでは、昆虫の擬態をいくつかのタイプに分けて解説しているが、それぞれのタイプがはっきりと独立しているわけではなく、たがいに重なりあっている面もある。たとえば、周囲にまぎれて身をかくしているカマキリやクモのなかまは、えものである虫たちに対しては「攻撃擬態」をしているいっぽうで、鳥などの自分たちの天敵に対しては「隠ぺい擬態」をしているといえる。また、研究がじゅうぶんに進んでいないために、どのタイプに属する擬態なのかが明確でない場合もある。たとえば、毒のある昆虫にすがたを似せて身を守っているとされている虫たちが、ほんとうに無毒なのかどうかがじゅうぶんにたしかめられていない場合には、その擬態が、ベイツ型なのかミュラー型なのかは明確にはわからない。

昆虫のなかま分け

昆虫が、この地球にあらわれたのは、4億年以上も前のことだといわれています。気が遠くなるような長い時間の流れのなかで、昆虫たちは進化をくりかえし、たくさんの種に分かれてきました。その種の数は、知られているだけでなんと世界で100万種以上にのぼります。

昆虫のなかま分け

- ハエ目
- シリアゲムシ目
- ノミ目
- チョウ目
- トビケラ目
- コウチュウ目
- ネジレバネ目
- アミメカゲロウ目
- ヘビトンボ目
- ラクダムシ目
- ハチ目
- カジリムシ目
- カメムシ目
- アザミウマ目
- ゴキブリ目
- カマキリ目
- ナナフシ目
- シロアリモドキ目
- ガロアムシ目
- カカトアルキ目
- バッタ目
- カワゲラ目
- ハサミムシ目
- ジュズヒゲムシ目
- カゲロウ目
- トンボ目
- シミ目
- イシノミ目

昆虫

おぼえておこう！ 生きものの分類階級

生きものは、共通のきまりにもとづいて、段階的に分類されている。分類の単位は、界→門→綱→目→科→属→種 の順に、だんだんと細かくなっている。

昆虫のなかまは、「動物界 節足動物門 昆虫綱」に属していて、チョウ目、コウチュウ目など、約30の「目」に分かれている。それぞれの「目」は、細かい「科」に分かれ、「科」はもっと細かい「属」に分かれている。「属」よりも細かくて、生きものを分類するときの基準になる単位が「種」。「種」というのは、交配して、子孫を残すことができる生きものの集団のことだ。

分類の階級を逆にたどると、近い関係にある「種」をまとめたグループが「属」、近い関係にある「属」をまとめたグループが「科」、近い関係にある「科」をまとめたグループが「目」となる。

ただし、生きものの分類階級は、これだけではない。たとえば、ある「目」にふくまれる「科」の数がとても多い場合などには、「目」と「科」のあいだに「亜目」という中間的な段階が置かれる場合がある。同じように、「科」と「属」のあいだに「亜科」が置かれる場合もある。また、ある「種」にふくまれる個体の変異が大きい場合には、「種」がいくつかの「亜種」に分けられることもある。

分類階級の例

	ウバタマムシ(p.202)	カヤキリ(p.255)
界	動物界	
門	節足動物門	
綱	昆虫綱	
目	コウチュウ目	バッタ目
亜目	カブトムシ亜目	
科	タマムシ科	キリギリス科
亜科	ルリタマムシ亜科	クサキリ亜科
属	ウバタマムシ属	カヤキリ属
種	ウバタマムシ	カヤキリ

ハエ目
幼虫はウジ型のものが多い。成虫は、はねが2枚しかないが、活発に飛びまわることができる。さまざまなくらしかたをしており、たくさんの種に分かれている。

シリアゲムシ目
幼虫はイモムシ型。成虫は細長いはねをもつ。オスは腹部の先をもちあげてとまる。

ノミ目
ほ乳類や鳥類に寄生する。幼虫はウジ型。成虫ははねがなく、よくジャンプする。

チョウ目
幼虫はイモムシ型やケムシ型で、多くは植物を食べて育つ。成虫は鱗粉でおおわれた大きなはねで活発に飛びまわる。たくさんの種に分かれている。

トビケラ目
幼虫はイモムシに似たすがたで水の中で育つ。成虫は、大きなはねをもち、ガのなかまに似ているが、はねには鱗粉はなく、細かい毛がはえている。

コウチュウ目
成虫は、かたい前ばね（上ばね）をもち、その下にうすくて大きな後ろばねをたたんでいる。種類がとても多く、体の形や食べもの、すんでいる環境がさまざま。

ネジレバネ目
幼虫は、ほかの昆虫に寄生して育つ。オスの成虫ははねをもつが、メスははねもあしもない。

アミメカゲロウ目
幼虫は発達した大あごをもち、ほかの昆虫をとらえて体液をすう。成虫は、体がやわらかくて細長く、あみ目もようのうすくて大きなはねをもつ。

ヘビトンボ目
幼虫は水の中で育ち、ムカデに似たすがたをしている。蛹も動くことができる。成虫は、トンボのような大きなはねをもつが、とまるときはセミのように背中にたたむ。

ラクダムシ目
体が細長くて、首がのびているように見える。幼虫の体型は成虫に似ている。蛹も動くことができる。成虫はうすいはねをもち、メスには長い産卵管がある。

ハチ目
幼虫はイモムシ型やウジ。成虫はうすいはねをすばやく動かして飛びまわる。ほかの昆虫に寄生するもの、集団でくらすものなど、さまざまに進化している。

カジリムシ目
ほとんどはかむ口をもち、成虫には、はねのあるものとないものがいる。チャタテムシのなかまはカビなどを食べ、シラミのなかまは動物の体液をすう。

カメムシ目
ストローのような口で、植物の汁や昆虫の体液をすう。たくさんの種に分かれていて、さまざまなくらしかたをするように進化している。

アザミウマ目
成虫は細いはねをもつ。成虫になる前に、何も食べず不活発になる蛹に似た段階がある。

ゴキブリ目
おもに森の朽ち木などでくらしており、一部は人家で見られる。大きな集団をつくって社会生活をいとなむシロアリのなかまも、このグループにふくまれる。

カマキリ目
幼虫も成虫も肉食で、かまのように変化した前あしでえものをつかまえて食べる。成虫にははねがあり、腹部を上からおおうようにたたんでいる。

ナナフシ目
幼虫と成虫は、よく似たすがたをしている。ほとんどは、体もあしも細長く、木の枝や葉に似ている。成虫には、はねのあるものとないものがいる。

シロアリモドキ目
小さくて細長く、メスにははねがない。前あしの先から糸を出して巣をつくり、集団生活をする。

ガロアムシ目
成虫にもはねがない。複眼は小さく退化している。しめった土の中でくらしている。

カカトアルキ目
成虫にもはねがない。あしの先をもちあげて歩く。日本では見つかっていない。

バッタ目
後ろあしが発達していて、よくジャンプする。成虫は、細長くてじょうぶな前ばねと、大きくひろがるうすい後ろばねをもつ。鳴く虫として知られるものも多い。

カワゲラ目
幼虫はきれいな水の中で育つ。成虫は、水辺で見られ、後ろばねが前ばねより大きい。よわよわしくとび、とまるときは、はねを背中に重ねあわせる。

ハサミムシ目
幼虫と成虫は、よく似たすがたをしている。体は細長く、腹部の先がハサミのようになっている。成虫には、はねのあるものとないものがいる。

ジュズヒゲムシ目
大きさは2～3mmしかない。じゅず状の触角をもつ。日本では見つかっていない。

カゲロウ目
幼虫は水の中で育つ。成虫は、水辺で見られ、大きな前ばねと小さな後ろばねをもつ。幼虫から亜成虫になり、もう一度脱皮をしてようやく成虫になる。

トンボ目
幼虫は「ヤゴ」とよばれ、水の中で育つ。成虫は体が細長く、大きな複眼とじょうぶなはねをもつ。飛んでいる昆虫を空中でつかまえて食べてしまう。

シミ目
幼虫と成虫が同じすがたで、成虫になっても脱皮する。体は鱗粉でおおわれ、はねはない。家の中で見られる種も多い。

イシノミ目
幼虫と成虫が同じすがたで、成虫になっても脱皮する。体は細長くて、鱗粉でおおわれ、はねはない。腹部を打ちつけてノミのようにはねる。

この本の使いかた

この本では、大きく2つのパートに分けて、身近な昆虫たちのさまざまな擬態を紹介しています。

パート1

昆虫たちのさまざまな擬態を30のタイプに分類し、各タイプの実例をたくさんの写真で紹介している。

パート2

擬態する昆虫100種と擬態するクモ4種のそれぞれの生態を写真と文章でくわしく解説している。

さわらないで！

毒のある毛やトゲで身を守っている昆虫や、毒針やするどい口吻で攻撃してくる危険な昆虫には、このマークをつけた。

❶ 擬態のタイプとその解説
30に分けた擬態のタイプを大きな文字とマークで示し、それぞれの特徴を解説している。

❷ 昆虫（またはクモ）の種名と特徴
昆虫（またはクモ）の和名（日本国内での種名）と学名（世界共通の種名）を示す。種名の上と下にある文は、その昆虫（またはクモ）のおもな特徴を解説している。

❸ 昆虫（またはクモ）の基本データ
その昆虫（またはクモ）の基本的な情報をまとめている。

❹ 擬態クイズ
自然の中に昆虫がとけこんでいる写真を見て、どこにいるかを当てよう。

❺ 見つけるコツ
いつごろ、どのような場所に行けばその昆虫（またはクモ）に出会えるか、植物や人工物のどんなところに注目すれば見つかるかなど、見つけかたのコツを紹介している。

❻ 擬態シーン
写真で紹介した擬態が、幼虫、蛹、成虫といった発育過程のうち、どの過程で見られるかを示している。

❼ 擬態のタイプ
「パート1」で解説した30の擬態タイプのうちどれに当てはまるかをマークで示している。

❽ コラム
本編では語りきれなかった擬態に関連する話題を写真とともに紹介している。

❾ キャラクター

桂木態三博士
この本の案内役の昆虫博士。昆虫の擬態にとてもくわしい。好きな昆虫はホタルガ。

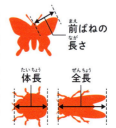

ナギサ
桂木博士の助手。昆虫の知識は博士におよばないが、大の虫好き。

分類
どのグループになかま分けされるかを示す。

見られる地域
日本国内でのおおまかな生息域を示す。

見られる時期
成虫（成体）および擬態シーンで紹介した卵・幼虫（幼体）・蛹（まゆ）が、いつごろ見られるかを示す。冬眠などでかくれている時期もふくめる。

大きさ
体のつくりによって示しかたがことなる。チョウやガなどは「前ばねの長さ」（前ばねのつけ根から先までの長さ）、「テントウムシ」などは「体長」（頭部から腹部までの長さ）、セミなどは「全長」（頭部からはねの先までの長さ）で示す。

前ばねの長さ／体長／全長

【擬態タイプ1】広葉樹の葉

木の上で生活している虫たちはとても多い。一見、何もないように思える葉や枝にも、じつはたくさんの小さな生きものがかくれている。ここでは、広葉樹の葉にまぎれている虫たちを紹介する。葉の上にどうどうととまっていたり、葉の裏で身をひそめていたり、かくれかたもさまざまだ。なかには、体に入った筋のために、すがたがわかりにくくなっているものもいる（隠ぺい擬態➡ p.7）。

いろいろなタイプの「広葉樹の葉」の擬態

- 🟢 …葉の表にひそむ
- 🟠 …枝葉にまぎれる
- 🔵 …葉の裏にひそむ
- 🟡 …葉柄になりすます

葉の表にひそむ

🟢 **スミナガシの幼虫**
【チョウ目タテハチョウ科】
➡ p.135

体色がトリックアートになっていて、くるりと丸まった葉のように見える。

越冬前の中齢幼虫。体のふちに細かい毛がはえていて、葉とよくなじんでいる。

🟢 **ゴマダラチョウの幼虫**
【チョウ目タテハチョウ科】

触角をのばし、後ろあしを体にくっつけて葉になりすましている。

➡ p.253

🟢 **アオマツムシ**
【バッタ目マツムシ科】

葉の裏にひそむ

●ウスアオリンガ
【チョウ目コブガ科】

はねの色が、葉の裏の色にそっくり。

●ヒメヤママユの幼虫
【チョウ目ヤママユガ科】

体じゅうが短い毛でおおわれているため、葉になじんで見つけにくい。
→ p.146

●ナカキシャチホコの幼虫
【チョウ目シャチホコガ科】

葉の一部分のように見える。

●クロモンアオシャク
【チョウ目シャクガ科】

葉の裏の色にそっくり。まるで透明のはねをもったガがとまっていて、下の葉っぱの色がすけて見えているかのよう。

枝葉にまぎれる

●クチバスズメの幼虫
【チョウ目スズメガ科】

体の筋もようが葉脈に似ている。

●ナガサキアゲハの幼虫
【チョウ目アゲハチョウ科】

体に入った白い筋がイモムシの体を分断し、すがたをわかりにくくしている。

●ゴマダラチョウの幼虫
【チョウ目タテハチョウ科】

越冬後の終齢幼虫。1枚の葉のように見える。

●イシガケチョウの幼虫
【チョウ目タテハチョウ科】

黒い紋や突起がイモムシの体を分断している。
→ p.138

●サトクダマキモドキ
【バッタ目ツユムシ科】

前ばねが広葉樹の葉にそっくり。
→ p.257

●クロアゲハの幼虫
【チョウ目アゲハチョウ科】

茶色い筋がイモムシの体を分断するため、周囲にまぎれて見つけにくい。
→ p.121

葉柄になりすます

●ツマジロエダシャクの幼虫
【チョウ目シャクガ科】

太さも、長さも、色も、葉柄そのもの。

【擬態タイプ2】

葉脈

葉脈とは、葉に見られる筋のこと。イモムシなど、体が細長い昆虫のなかには、葉脈になりきってすがたをかくしているものがいる。とくに、葉の中央をまっすぐ走る太い葉脈（主脈または中脈）は、かくれ場所としてよく使われている。

トビイロリンガの幼虫
【チョウ目コブガ科】

特徴的な食べあとに目がいって、イモムシに気づきにくい。

主脈に体をぴったり合わせたまま冬ごしをしている。

アミメクサカゲロウ
【アミメカゲロウ目クサカゲロウ科】
➡ p.224

葉脈になりすますには、少し太りすぎたかも……。

チョウセンツマキリアツバの幼虫
【チョウ目ヤガ科】

黄白色の筋が主脈に見えて、イモムシのすがたがわかりにくい。

オオエグリシャチホコの幼虫
【チョウ目シャチホコガ科】

オオスカシバの幼虫
【チョウ目スズメガ科】

葉脈にしては太すぎるが、葉の根元にいるので目立たない。

主脈から分岐した側脈にくっついている。

カギアツバの一種の幼虫
【チョウ目ヤガ科】

ナナフシの幼虫
【ナナフシ目ナナフシ科】
➡ p.242

葉脈にあしをぴったり合わせたいようだが、ちょっとずれている。おしい!

【擬態タイプ3】針葉樹の葉

広葉樹とくらべて、針葉樹にはあまりたくさんの虫はすんでいない。しかし、根気よくさがすと、緑と白のたてじまもようでマツの葉にまぎれるものや、体じゅうに小さな白い紋を散らしてヒノキの葉になりきるものなど、特徴的なすがたに進化してかくれている虫たちが見つかる。

オナガグモ
【クモ目ヒメグモ科】
→ p.272

細長い腹部をまっすぐにのばすと、マツの葉にそっくり。

擬態ポーズをやめたときのすがた。

マツキリガの幼虫
【チョウ目ヤガ科】

頭部は茶色で、枝の色に似ている。葉を食べていないときは枝のほうを向いてとまっている。

頭部は緑色で、マツキリガとは反対にいつも葉の先のほうを向いている。

→ p.147

クロスズメの幼虫
【チョウ目スズメガ科】

ツマオビアツバの幼虫
【チョウ目ヤガ科】

形も色も大きさも、スギの葉にそっくり。

スギドクガの幼虫
【チョウ目ドクガ科】

けっこう派手な色ともようだが、針葉樹の葉にとまっていると目立たない。

ケンモンキリガの幼虫
【チョウ目ヤガ科】

体に白い斑紋がならんだすがたは、ヒノキの葉によくなじむ。

フタスジヨトウの幼虫
【チョウ目ヤガ科】

左のケンモンキリガとは別の属だが、すむ場所が同じなのでよく似たすがたをしている。

【擬態タイプ4】草の葉

草むらにも、たくさんのものまね名人たちがかくれている。バッタのなかまには、スマートな体型をいかして、細長いイネ科植物の葉になりすましているものが多い。シダを食べて育つイモムシには、シダの葉に似た規則的なもようをもつものがいる。

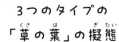

3つのタイプの「草の葉」の擬態
- 🟢 …イネ科植物の葉にひそむ
- 🔵 …シダ植物の葉にひそむ
- 🟠 …草の茎やつるになりすます

イネ科植物の葉にひそむ

● **ショウリョウバッタの幼虫**【バッタ目バッタ科】 → p.259

色も形も、イネ科植物の葉にそっくり。

● **カヤキリ**【バッタ目キリギリス科】 → p.255

さかさまになって葉にぴったりくっついているので、葉の一部のようだ。

● **セスジツユムシ**【バッタ目ツユムシ科】 → p.254

背中に茶色い筋があり、ふちが変色した葉に似ている。

ただでさえ見つけにくいのに、危険を感じるとすぐに葉の裏側にかくれてしまう。

ここにいるよ。

● **ショウリョウバッタモドキ**【バッタ目バッタ科】 → p.259

茎やつるになりすます

● **フタナミトビヒメシャクの幼虫**
【チョウ目シャクガ科】

体がとても細長くて、植物のつるのよう。

● **コシロスジアオシャクの幼虫**
【チョウ目シャクガ科】

茎にまっすぐ立ってとまっているので、枝わかれした茎に見える。

● **エダナナフシ**
【ナナフシ目トビナナフシ科】
➡ p.249

交尾中のペア。左がメスで、右がオス。

● **セスジナミシャクの幼虫**
【チョウ目シャクガ科】

上の個体は、茎に化けながら食事中。

● **コウスアオシャクの幼虫**
【チョウ目シャクガ科】

頭部や胸脚は赤紫色で、ヨモギの花の色に似ている。

コラム① 「じっとがまん虫」を見つけよう

まわりにまぎれて身をかくしている虫たちは、むやみに動くと天敵に正体がばれてしまうので、なるべく動かないようにがんばっている。しかし、たまたま通りかかったイモムシが、気づかずに上にのってくることも少なくない。イモムシはおそれなくてもいい相手だが、こそばゆくて動いてしまうと、おそろしい天敵に見つかってしまうかもしれない。そこで、身をかくしている虫たちは、あわてずさわがず、じっとがまんをして、けっして動こうとしない。そんな健気な虫たちを「じっとがまん虫」とよぶことにしよう。

エダナナフシの幼虫（→p.249）が、サクラの小枝になりすましていたところに、フタホシシロエダシャクの幼虫が、ひょこひょこと歩いてきて、エダナナフシがいるとは気づかず、触角にさわってしまった。「じっとがまん虫」の誕生だ。

ちょっと変だと思ったのか、イモムシはしばらく考えたあと、もとの枝のほうにもどって歩きはじめた。エダナナフシは、きっと、ほっとしたにちがいない。

柵の上で休んでいたミミズク（→p.231）の上を、しゃくとり歩きで通りすぎていったヒロバトガリエダシャクの幼虫。ミミズクのがまん強さに大きな拍手をおくりたい。

「じっとがまん虫」と出会うには、公園などにある柵をさがすのがいい。柵の上では、木の幹にとまっているつもりで身をかくしている虫たちがよく見られるが、木の幹にいるときよりも目立っているので見つけやすい。しかも、柵は、木の上から落ちてきたイモムシたちの集合場所にもなっている※。柵には、「じっとがまん虫」を発見できる条件がそろっているのだ。

※天敵から逃れるために木の上から落ちてきたイモムシが、柵の上に直接のったり、地面に落ちたイモムシが木の幹とまちがえて柵にのぼったりすると考えられる。

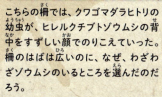 

こちらの柵では、クワゴマダラヒトリの幼虫が、ヒレルクチブトゾウムシの背中をすずしい顔でのりこえていった。柵のはばは広いのに、なぜ、わざわざゾウムシのいるところを選んだのだろう。

【擬態タイプ5】 枯れかけた葉

体が緑色や茶色にぬりわけられた虫たちは、一見、派手で目立つように思えるが、植物の上では、体の茶色い部分が枯れかけた葉のように見えて見つけにくい。はねの先がとがったガは、葉っぱのはしにそうようにとまると、枯れた部分そのものに見えることがある。

マエキカギバ
【チョウ目カギバガ科】

前ばねのカーブが、葉のはしにぴったり合うようにとまっている。

半分ほどがうす茶色に枯れてしまった葉のように見える。

ウスキオエダシャク
【チョウ目シャクガ科】

ナカグロモクメシャチホコの幼虫
【チョウ目シャチホコガ科】
→ p.175

背中の紋が、ヤナギの葉の枯れた部分にそっくり。

ウンモンスズメの幼虫
【チョウ目スズメガ科】

体のもようが、葉の枯れた部分のように見える。

イラガの幼虫
【チョウ目イラガ科】

さわらないで！

背中にこげ茶色の大きな紋があり、葉の枯れた部分のように見える。

美しいイモムシだが、サクラの葉にとまっていると目立たない。

モンクロギンシャチホコの幼虫
【チョウ目シャチホコガ科】

不規則な形をした茶色い紋が、葉の枯れた部分のように見える。

アオモンツノカメムシ
【カメムシ目ツノカメムシ科】

マダラバッタ
【バッタ目バッタ科】

枯れた葉がまざった草地にとまっていると見つけにくい。

反りかえったポーズで葉になりきっている。

ホシヒメホウジャクの幼虫
【チョウ目スズメガ科】

→ p.149

【擬態タイプ6】
食べあとのある葉

イモムシをさがすときには、葉に残された食べあとが重要な手がかりになる。しかし、食べあとだけがあって、肝心のイモムシが見つからないことも多い。そんなときは、食べあと自体になりすましているイモムシがいないか、じっくり目をこらしてみよう。

キマエアオシャクの幼虫
【チョウ目シャクガ科】

葉の先のやわらかい部分を、葉脈を残しながら食べ、食べのこした葉脈にまぎれて身をひそめている。

食べのこした葉でカーテンをつくり、その一部になりきっている。

スミナガシの幼虫
【チョウ目タテハチョウ科】 ➡ p.135

オオエグリシャチホコの幼虫
【チョウ目シャチホコガ科】

食べのこした主脈にぴったりくっついている。

ウスイロギンモンシャチホコの幼虫
【チョウ目シャチホコガ科】

細長い体を食べあとにぴったりフィットさせながら葉を食べている。

ツマジロシャチホコの幼虫
【チョウ目シャチホコガ科】 ➡ p.179

背中とおしりにある小さな赤い突起が、食べあとの変色した部分のように見える。

ムラサキシャチホコの幼虫
【チョウ目シャチホコガ科】 ➡ p.171

細長く変化した尾脚が、葉の食べのこしに見える。

ギンシャチホコの幼虫
【チョウ目シャチホコガ科】

背中にならんだ突起が、葉の食べのこしにそっくり。

コミスジの幼虫
【チョウ目タテハチョウ科】

食べのこした主脈にとまって休んでいる。

【擬態タイプ7】 花やつぼみ

植物の花やつぼみを食べて育つイモムシのなかには、体の色ともようが花やつぼみにそっくりなものがいて、とても見つけにくい。花に飛んでくる虫をつかまえようとして、あしをひろげて花の一部になりきっているクモのなかまもいる（攻撃擬態→p.8）。

自分の体の色やもようがわかっているのかなぁ。

ウラギンシジミの幼虫
【チョウ目シジミチョウ科】

フジの花穂にひそむ淡緑色の幼虫。

クズの花穂にひそむ赤紫色の幼虫。

ハイイロセダカモクメの幼虫
【チョウ目ヤガ科】
体側にならぶもようが、ヨモギの花にそっくり。 ➡ p.197

アズチグモ
【クモ目カニグモ科】

あしをひろげ、クズの花に飛んでくる虫を待ちかまえている。

ハナグモ
【クモ目カニグモ科】

シシウドの花に飛んできたヒラタアブのなかまを捕獲。

【擬態タイプ8】

樹木の芽

樹木の芽は、小さな虫たちのよいかくれ場所になっている。とくに冬には、こずえの先で冬芽になりすまして、じっと春を待つ虫が少なくない。春から初夏にかけては、のびはじめた新芽にそっくりのイモムシがあらわれる。

いろいろなタイプの「樹木の芽」の擬態

- 🟢 …アラカシの冬芽になりすます
- 🟠 …その他の冬芽になりすます
- 🔵 …コナラの冬芽になりすます
- 🟡 …のびはじめた新芽になりすます

アラカシの冬芽になりすます

🟢 **コミミズク**
【カメムシ目ヨコバイ科】
→ p.233

平たい頭部の先端が、冬芽にぴったりフィット。

🟢 **トビイロツノゼミ**
【カメムシ目ツノゼミ科】
→ p.230

頭を下にしてとまると冬芽によく似ている。

● **アカコブコブゾウムシ**
【コウチュウ目ゾウムシ科】
→ p.213

小枝の先にしがみついて冬芽になりきっている。

冬芽に化けながら、冬芽をかじっている。

● **ヒメカギバアオシャクの幼虫**
【チョウ目シャクガ科】

● **ワモンサビカミキリ**
【コウチュウ目カミキリムシ科】

上のアカコブコブゾウムシとはまったく別のなかまだが、上ばねのもようや、しがみつきかたは、そっくり。

コナラの冬芽になりすます

●ニトベミノガの幼虫の巣
【チョウ目ミノガ科】

ここにいるよ。

巣(みの)の中には幼虫がひそんでおり、あたたかくなって冬芽がふくらむのをじっと待っている。

●カギシロスジアオシャクの幼虫
【チョウ目シャクガ科】

背中の突起が、冬芽の先端にそっくり。

●ヒラタアブの一種の蛹
【ハエ目ハナアブ科】

かたくなった幼虫の外皮の中で蛹※になっている。下草の葉の上などでよく見かけるが、冬は樹木の冬芽でも見つかる。
※このような蛹を囲蛹という。

●ゴミグモの幼体 → p.271
【クモ目コガネグモ科】

とがった腹部をつきだし、あしをすぼめて冬芽になりすましている。

その他の冬芽になりすます

●オオアヤシャクの幼虫
【チョウ目シャクガ科】
→ p.167

コブシの冬芽にそっくり。

アカマツの冬芽の中にまぎれている。

●ケブカカスミカメ
【カメムシ目カスミカメムシ科】

のびはじめた新芽になりすます

●クロスジアオシャクの幼虫
【チョウ目シャクガ科】
→ p.169

背中に突起がならんでいて、コナラの新芽にそっくり。

●キマエアオシャクの幼虫
【チョウ目シャクガ科】

表皮がすこしめくれたクリの新芽になりすましている。

●ヒメカギバアオシャクの幼虫
【チョウ目シャクガ科】

春に見つかる幼虫は冬芽に似ている（p.31右上の写真）が、夏に見つかる幼虫は、ひろがる前の若葉に似ている。

【擬態タイプ9】樹木の枝

樹上でくらす虫たちには、樹木の枝をかくれがにしているものが多い。自分の体と色や太さがよく似た枝にぴったりはりついていたり、身を反らせて枝わかれした部分に化けていたりなど、かくれかたにも個性がある。ナナフシのなかまは、体もあしも小枝にそっくりだ。

アヤシラフクチバの幼虫
【チョウ目ヤガ科】

頭の近くとおしりが細くなっていて、イモムシの体と枝の境目が目立たない。

タカサゴツマキシャチホコの幼虫
【チョウ目シャチホコガ科】

体にうす茶色の小さな紋がたくさんならんでいて、クヌギなどの小枝に似ている。

オキナワマツカレハの幼虫
【チョウ目カレハガ科】

さわらないで！

マツの小枝にそっくり。毒毛をもつ。

タケカレハの幼虫
【チョウ目カレハガ科】

さわらないで！

ササの葉などを食べて育つが、越冬中は、樹木の小枝などにかくれている。毒毛をもつ。

クワエダシャクの幼虫
【チョウ目シャクガ科】
→ p.163

天敵には糸が見えにくいので、小枝が自然につきでているように感じられる。

マエキカギバの幼虫
【チョウ目カギバガ科】

こっちはおしり。

下が頭。突起のある腹端をもちあげてじっとしている。

トビモンオオエダシャクの幼虫
【チョウ目シャクガ科】
→ p.161

シャクトリムシ(シャクガ科のなかまの幼虫)は、腹脚の大部分が退化しているので、枝に化けやすい。

キエダシャクの幼虫 →p.165
【チョウ目シャクガ科】
トゲのあるノイバラの茎にそっくり。

エダナナフシ
【ナナフシ目トビナナフシ科】
➡ p.249

その名のとおり、枝にそっくり。

タテジマカミキリ
【コウチュウ目カミキリムシ科】

枝をかじってつくったくぼみに体を半分うめている。

前あしと触角をそろえて前にのばし、枝になりきっている。

ヤエヤマエダナナフシ
【ナナフシ目トビナナフシ科】

37

頭も体もあしも平たいので、枝にぴったりくっつくことができる。

コミミズクの幼虫
【カメムシ目ヨコバイ科】
➜ p.233

頭部にある1対の突起が、枝にできたこぶのようだ。

ミミズク
【カメムシ目ヨコバイ科】
➜ p.231

長いあしを上下にのばして
枝と一体化している。

アシナガグモ
【クモ目アシナガグモ科】

39

【擬態タイプ10】 樹木の幹

表面がゴツゴツしていたり、複雑なもようがあったりする樹木の幹は、虫たちにとって身をかくしやすい場所だ。体色や質感が似ているだけでも見つけにくいが、ミミズクの幼虫のように平たい体で樹皮にはりついているものはよほど注意ぶかくさがさないと見つからない。チョウのなかまには、はねの表面は派手なのに、裏面は地味で樹皮にそっくりなものがいる。

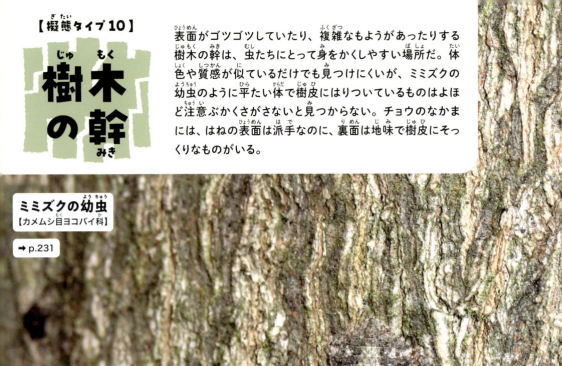

ミミズクの幼虫
【カメムシ目ヨコバイ科】
➡ p.231

体の厚みがほとんどなく、樹皮と一体化している。

はねに複雑なもようがあって、樹皮によくとけこんでいる。

ニイニイゼミ
➡ p.227
【カメムシ目セミ科】

ヒグラシ
【カメムシ目セミ科】 ➡ p.229

体の緑色の部分が、まるでコケのよう。

平たくて、朽ち木にできた黒いしみのように見える。

ヒトツモンイシノミ
【イシノミ目イシノミ科】

ここにいるよ。

ノコギリヒラタカメムシ
【カメムシ目ヒラタカメムシ科】

体全体がまだらもようになっていて、幹でじっとしていると見つけにくい。

→ p.215 **マダラアシゾウムシ**
【コウチュウ目ゾウムシ科】

体がごつごつしていて、樹皮の一部にしか見えない。

ウスモンカレキゾウムシ
【コウチュウ目ゾウムシ科】

背中に大きな黒い紋があり、体の輪郭がわかりにくい。

マツの樹皮にうまくとけこんでいる。

ウバタマムシ
→ p.202 【コウチュウ目タマムシ科】

フタモンウバタマコメツキ → p.203
【コウチュウ目コメツキムシ科】

幹にできた裂け目の一部のように見えて、遠くからだと気づきにくい。

ゴマフカミキリ
【コウチュウ目カミキリムシ科】
➡ p.207

体もあしも触角も樹皮にうまくとけこんでいる。

ナカジロサビカミキリ
【コウチュウ目カミキリムシ科】
ぼやけたような白い紋があり、地衣類のはえた樹皮によくなじんでいる。

【擬態タイプ11】枯れ葉

枯れ葉は、山道からまちなかの道路までいたるところに落ちている。木の枝に残ったままのものや、地面に落ちずに植物上や壁にひっかかっていることもある。植物の葉や樹木の幹に似た虫は、その場をはなれると擬態マジックがとけて目立ってしまうことが多い。しかし、枯れ葉に似た虫は、どんなところにいても不自然さがなく、じょうずにすがたをくらますことができる（扮装擬態→p.7）。

いろいろなタイプの「枯れ葉」の擬態

- 🟢…葉にくっついた枯れ葉
- 🔵…ぶら下がる枯れ葉
- 🟠…地面に落ちた枯れ葉
- 🟡…壁にくっついた枯れ葉
- 🔷…水中の枯れ葉
- 🟣…イネ科植物の枯れ葉
- 🌸…枯れ葉にあいたあな

葉にくっついた枯れ葉

🟢 **ムラサキシャチホコ**
【チョウ目シャチホコガ科】
→ p.171

平面のはねに鱗粉でえがかれたトリックアートにだまされて、丸まった枯れ葉にしか見えない

🟢 **コノハチョウ**　はねを閉じると枯れ葉にそっくり。
【チョウ目タテハチョウ科】
→ p.132

●ウリキンウワバ
【チョウ目ヤガ科】

はねが、くしゃくしゃになった枯れ葉に見えるのは、トリックアートのなせる技。

●アカエグリバ　→ p.193
【チョウ目ヤガ科】

枯れたスギの枝にとまっている。

●オオエグリバ
【チョウ目ヤガ科】

半分にちぎれた枯れ葉のよう。

●ヒメエグリバ
【チョウ目ヤガ科】

葉にひっかかった枯れ葉にとまっているので、よけいにまぎらわしい。

47

葉にくっついた枯れ葉

● **モントガリバの幼虫**
【チョウ目カギバガ科】
→ p.157

体を2つに折り曲げていると、しわくちゃになった枯れ葉に見える。

● **スカシエダシャク**
【チョウ目シャクガ科】

一部がすけている古い枯れ葉のよう。

● **スカシカギバ**
【チョウ目カギバガ科】
→ p.155

はねがいたんでくると、きれいなときよりもっと枯れ葉っぽくなる。

● **ウコンカギバの幼虫**
【チョウ目カギバガ科】

● **ムラサキツバメ**
【チョウ目シジミチョウ科】

体のあちこちに先がカールした突起がはえていて、枯れた植物のかけらのように見える。

枯れ葉のかたまりのようになって集団越冬している。

● **ミダレカクモンハマキ**
【チョウ目ハマキガ科】

● **マルバネフタオ** → p.159
【チョウ目ツバメガ科】

細く折りたたんだ前ばねを水平にひろげており、ガだと気づきにくい。

交尾をしているとガの形がわかりにくい。左がメスで、右がオス。

細かいシミがうかんだ枯れ葉に似ている。

● **コマダラゴキブリ**
【ゴキブリ目オオゴキブリ科】

49

ぶら下がる枯れ葉

● **スミナガシの蛹**
【チョウ目タテハチョウ科】
→ p.135

虫食いのあとまで再現している。

● **オオクワゴモドキの幼虫** → p.144
【チョウ目カイコガ科】

長い尾角が枯れ葉の
葉柄に似ている。

● **ミスジチョウの幼虫** → p.133
【チョウ目タテハチョウ科】

モミジの枯れ葉と
一体化している。

はねの表はあざやかな色だが、
裏は地味で枯れ葉にそっくり。

→ p.124

● **ツマベニチョウ**
【チョウ目シロチョウ科】

●シャチホコガの幼虫 → p.177
【チョウ目シャチホコガ科】

ひっかかった枯れ葉になりきる名演技!?

●ホシヒメホウジャク → p.149
【チョウ目スズメガ科】

背中側から見ても（下の個体）、横から見ても（上の個体）、くしゃくしゃになった枯れ葉のよう。

●ホシホウジャクの幼虫
【チョウ目スズメガ科】

本の筋もようが葉脈に似ていて、尾角は葉柄に似ている。

●オオエグリシャチホコ
【チョウ目シャチホコガ科】

交尾中のペア。上がメスで、下がオス。

地面に落ちた枯れ葉

● **エグリエダシャク**
【チョウ目シャクガ科】

はねのふちがえぐれていて、少しやぶれた枯れ葉のように見える。

葉脈が黒ずんで細かなシミがうかんできた古い枯れ葉のよう。

● **エグリヅマエダシャク**
【チョウ目シャクガ科】

● **コカマキリ** → p.245
【カマキリ目カマキリ科】

枯れ葉にまぎれて地表にひそみ、飛んできたスキバツリアブをとらえた。

● アケビコノハ 【チョウ目ヤガ科】 → p.195
まだ少し緑色が残っている枯れ葉に似ている。

● クツワムシ 【バッタ目クツワムシ科】
はねのはばが広く、広葉樹の枯れ葉に見える。

● テングチョウ 【チョウ目タテハチョウ科】 → p.130
花の蜜をすったあと、地面にとまって休んでいる。

● クロコノマチョウ 【チョウ目タテハチョウ科】 → p.139
枯れ葉の積もった地面によくとまる。

● シンジュキノカワガ 【チョウ目コブガ科】 → p.185
前ばねの上半分の色が濃いために輪郭が消えて目立たない。

交尾中のペア。はねに葉脈のような筋がならんでいる。

● ヨスジノコメキリガ 【チョウ目ヤガ科】

壁にくっついた枯れ葉

● テングアツバ
【チョウ目ヤガ科】

長くのびた下唇鬚が落ち葉の葉柄に見える。

ガラスにくっついた枯れ葉の切れはしにそっくり。

● ナミテンアツバ
【チョウ目ヤガ科】

● エグリトビケラ
【トビケラ目エグリトビケラ科】
➡ p.217

前にまっすぐのばした触角が枯れ葉の葉柄のよう。

水中の枯れ葉

● コオニヤンマの幼虫（ヤゴ）
【トンボ目サナエトンボ科】
➡ p.269

色も形も、水底にしずんだ落ち葉にそっくり。

枯れ葉に化けて水中にひそみ、通りかかったえものをつかまえる。

● タイコウチ
【カメムシ目タイコウチ科】 ➡ p.239

さわらないで！

● ミズカマキリ
【カメムシ目タイコウチ科】

水に落ちた細長い植物の破片のように見える。

さわらないで！

イネ科植物の枯れ葉

● **クビキリギス**
【バッタ目キリギリス科】

細くとがった頭をふせ、下半身をもちあげて枯れ葉に化けている。

● **ショウリョウバッタの幼虫**
【バッタ目バッタ科】
→ p.259

体色はさまざまで、この個体は色あせた枯れ葉にそっくり。

枯れ葉にあいたあな

ウンモンツマキリアツバ
【チョウ目ヤガ科】

はねに白いふちどりがあるため、ガの体の部分が枯れ葉にあいたあなのように見える。

コラム 2

ふしぎなトリックアート

ガのなかまには、はねのもようがトリックアート（だまし絵）のようになっていて、目の錯覚を利用して天敵をまどわし、身を守っているものが多い。枯れ葉にしか見えないムラサキシャチホコ（→p.171）は、その代表だ。

いっぽう、はねのもようがトリックアートであることはまちがいなさそうなのに、そのもようにいったいどんなメリットがかくされているのか、よくわからない場合もある。ここでは、そんな、なぞのもようをもつガのなかまたちを紹介しよう。

オオトモエ（ヤガ科）のトリックアートはかなりふしぎだ。まるで、2枚のはねが重なっていて、そのうち、外側のはねだけがボロボロにやぶれているように見えないだろうか。重なった2枚のはねの境目には、じょうずにかげえがかれていて、立体的に見えるように工夫されている。このすがたを見た天敵が「はねがボロボロだから、おそうのはやめておこう」と思うはずもないので、ここまで進化を極めている理由がさっぱりわからない。

オオトモエ（ヤガ科）

キマエコノハ（ヤガ科）は、前ばねのふちの部分が、細くクルリと巻いたように見える。はねの中央には、葉脈に似た黒い線があるので、もしかしたら、短く切れたササの葉がかわいて、はしっこが巻いているところをあらわしているのだろうか……。

後ろばねは黄色くて、敵をおどろかせるのに役立つと思われる。

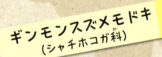

キマエコノハ（ヤガ科）

モモイロツマキリコヤガ（ヤガ科）のはねは、真ん中が半円形にえぐれたようになっている。でも、ほんとうにえぐれているのではなくて、はねにえがかれたもようのためにそう見えているのだ。このガに「なぜ、こんなことになっているんですか？？」と、インタビューしたくなってくる。

モモイロツマキリコヤガ（ヤガ科）

ギンモンスズメモドキ（シャチホコガ科）を背中側から見ると、かなりふしぎなすがただ。三角形のあながあいたように見える部分も、木の皮が反りかえったように見える部分も、すべて、はねにえがかれたもようにすぎない。いったいなぜ、こんな複雑なすがたをしているのだろう。

ギンモンスズメモドキ（シャチホコガ科）

ここはトリックアートミュージアム？

リョクモンアオシャク（シャクガ科）の4枚のはねには、それぞれ大きな緑色の紋がある。はねをひろげてとまると、紋の部分がつながりあってもっと大きな紋ができあがり、なんともふしぎなすがたになる。もしかしたら、葉の一部が枯れて、あながあいているようすをあらわしているのだろうか。

リョクモンアオシャク（シャクガ科）

トビイロトラガ（ヤガ科）

後ろばねは黄色くて、敵をおどろかせるのに役立つと思われる。

トビイロトラガ（ヤガ科）の見た目も、かなりふしぎだ。はねの地色は深みのある褐色で、その一部を、黄褐色のあみのようなもようがおおっている。毛むくじゃらのあしをのばしてとまっていると、ふだん見慣れているガのなかまとは、かなりちがった印象だ。

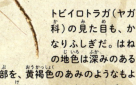

しかしあるとき、トビイロトラガのふしぎなもようの意味がわかった。朝、建物の横の壁でふしぎな物体（左の写真）を見つけた。クモの糸のようなものがからまっているので、これは、きっと、クモのあみにひっかかって命を落としたガの死がいなのだろうと思った。あしは力なくたれ下がり、あばれたときにはねからはがれた鱗粉がたくさんくっついている……。いや、ちょっと待てよ、と思って、近づいてみると、それはなんと、生きてピンピンしているトビイロトラガだったのだ。

このように、一見、ふしぎに思えるさまざまなトリックアートにも、私たちがまだ気づいていない、身を守るためのひみつがかくされているのかもしれない。

【擬態タイプ12】枯れ枝

シャクトリムシ（シャクガ科のなかまの幼虫）には、枯れ枝になりすましているものが多い。先が折れていたり、とちゅうで曲がっていたり、節のような部分があったりと、枯れ枝の細かなところまでそっくりだ（扮装擬態→p.7）。

ウスイロオオエダシャクの幼虫
【チョウ目シャクガ科】

胸脚をちぢめて体をのばすと、折れた枯れ枝にそっくり。

フタツメオオシロヒメシャクの幼虫
【チョウ目シャクガ科】

枯れた枝がかわいて、樹皮にしわができてきたようすや、小さな節までみごとに再現している。

ウスキツバメエダシャクの幼虫
【チョウ目シャクガ科】

3番目の胸脚（後ろあし）だけを体からはなしているので、枯れ枝っぽさがましている。

アトヘリアオシャクの幼虫
【チョウ目シャクガ科】

枝わかれしてのびた枝が、とちゅうで短く折れてしまったようなすがた。

クワエダシャクの幼虫 → p.163
【チョウ目シャクガ科】

頭部を反りかえらせて、先の折れた枯れ枝になりすましている。

ヘリグロヒメアオシャクの幼虫
【チョウ目シャクガ科】

背中に小さな突起がならんでいて、古びた枯れ枝のように見える。

ツマキシャチホコ
【チョウ目シャチホコガ科】

上は本物の枯れ枝、下はツマキシャチホコの成虫。

正面から見ると木目もようがある。

キバラモクメキリガ
【チョウ目ヤガ科】

コブスジサビカミキリ
【コウチュウ目カミキリムシ科】

上ばねのはしが白っぽくて、枯れ枝の切れはしにそっくり。

トゲナナフシ
【バッタ目トビナナフシ科】
➡ p.252

あしのつけ根に白い紋があり、樹皮の一部がはげ落ちた枯れ枝のよう。

マネキグモ
【クモ目ウズグモ科】

太くて長い前あし（第1脚）を前にのばし、おしりから出した糸でぶらさがっている。

擬態ポーズをやめたときのすがた。

ゲホウグモの幼体
【クモ目コガネグモ科】

擬態ポーズをやめたときのすがた。

枯れた枝が折れたあとのように見える。

【擬態タイプ 13】 地衣類や菌類

地衣類や菌類、コケにおおわれた樹木の幹や石壁には、それらを食べるイモムシや小さな虫たちがひそみ、その虫たちをねらう肉食昆虫もかくれている。本来の体色は地衣類にそれほど似ていなくても、地衣類の粉を体じゅうにくっつけて身をかくしているものもいる。

いろいろなタイプの「地衣類や菌類」の擬態

- 🟢 …地衣類に似ている
- 🟠 …菌類に似ている
- 🔵 …地衣類の粉をまとう
- 🟡 …変形菌に似ている

地衣類に似ている

🟢 **イダテンチャタテ**
【カジリムシ目マルチャタテ科】
➡ p.243

走りまわっているときにはどこにいるかわかるが、動きをとめたとたんに見失ってしまう。

●ゴマケンモン
【チョウ目ヤガ科】

美しいもようをしているが、ウメノキゴケなどの地衣類がはえた幹にとまると見つけにくい。

緑、白、茶、黒がまざりあったはねは、地衣類がはえた場所によくなじむ。

●ケンモンミドリキリガ
【チョウ目ヤガ科】

●シロシタバ
【チョウ目ヤガ科】

地衣類がうっすらとはえた樹皮に似ている。

地衣類の粉をまとう

● **サザナミコヤガのまゆ**
【チョウ目ヤガ科】

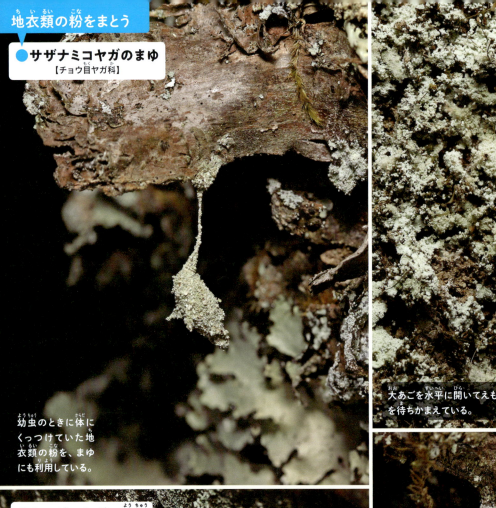

幼虫のときに体にくっついていた地衣類の粉を、まゆにも利用している。

● **コマダラウスバカゲロウの幼虫**
【アミメカゲロウ目ウスバカゲロウ科】

→ p.22

大あごを水平に開いてえものを待ちかまえている。

● **キスジコヤガの幼虫**
【チョウ目ヤガ科】

→ p.187

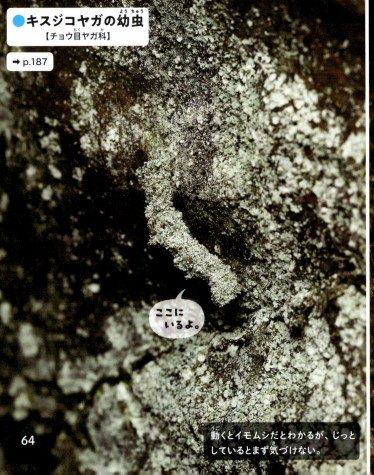

ここに いるよ。

動くとイモムシだとわかるが、じっとしているとまず気づけない。

● **シラホシコヤガの幼虫**
【チョウ目ヤガ科】

ここに いるよ。

ここに いるよ。

地衣類の粉を突起にくっつけている。

菌類に似ている

● **アオバハゴロモの幼虫**
【カメムシ目アオバハゴロモ科】
→ p.237

ここにいるよ。

ここにもいるよ。

ロウ状の物質におおわれていて、植物にはえたカビのように見える。

● **モントガリバ**
【チョウ目カギバガ科】
→ p.157

はねの紋が、カワラタケの幼菌に似ている。

● **マエジロアツバ**
【チョウ目ヤガ科】
→ p.191

下向きにとまるとサルノコシカケにそっくり。

変形菌に似ている

● **ハガタベニコケガの幼虫**
【チョウ目ヒトリガ科】

変形菌※のムラサキホコリのなかまに似ている。
※変形菌は、菌類とはことなる生きもので、粘菌、ホコリカビともよばれる。

【擬態タイプ14】 地面や石

地表でくらすバッタのなかまには、小石や砂にまぎれて見つけにくいものが多い。色が地面に似ているだけでなく、体にある細かい斑紋や帯もようがすがたをわかりにくくさせている。小川などの水底にもたくさんの虫たちが身をひそめている。

2つのタイプの「地面や石」擬態
- 🟢 …水底にひそむ
- 🔵 …地表にひそむ

砂を身にまとうなんて手がこんでるね！

水底にひそむ

🟢 **オニヤンマの幼虫（ヤゴ）**
【トンボ目オニヤンマ科】

川底の砂に浅くもぐって、えものをまちぶせる。体にはえた毛に砂つぶがくっついていて目立たない。

🟢 **ヤマサナエの幼虫（ヤゴ）**
【トンボ目サナエトンボ科】

砂を身にまとって、えものをまちぶせている。

砂つぶをぬぐい落とすとこんなすがた。

🟢 **オオマダラカゲロウの幼虫**
【カゲロウ目マダラカゲロウ科】

さまざまな体色のものがいる。黒い紋や白い筋があるものは、体の輪郭がわかりにくい。

🟢 **ヒラタカゲロウの一種の幼虫**
【カゲロウ目ヒラタカゲロウ科】

体がとても平たくて、川底の石にぴったりはりついている。

地表にひそむ

● **カワラハンミョウ**
【コウチュウ目オサムシ科】
→ p.200

砂浜で見られる。黒っぽいものや白っぽいものがいるが、どの個体も見つけにくい。

体の中央に淡色の帯があるため、輪郭が分断されて見つけにくい。

● **カワラバッタ**
【バッタ目バッタ科】
→ p.265

● **ヤマトマダラバッタ**
【バッタ目バッタ科】
→ p.263

全身に砂つぶのような斑紋があり、はねは枯れた葉に似ている。

● **マダラスズ**
【バッタ目ヒバリモドキ科】

低い草がまばらにはえた場所でよく見られ、砂の上にとまると見つけにくい。

● **イシガケチョウ**
【チョウ目タテハチョウ科】
→ p.138

はねを水平に開き、地面にはりつくようにしているので、もようが小石などにまぎれてわかりにくい。

【擬態タイプ 15】 ふん

イモムシやコウチュウのなかまをはじめとして、すがたが鳥のふんに似た虫はとても多い。鳥のふんは、いたるところに落ちていて、白と黒に色が分かれているのでよく目立つ。ふんにすがたが似ていると天敵の目にとまりやすくなるが、たとえ見つかったとしても「あっ、またウンチが落ちている」と思われて見のがされ、生きながらえることができるのだと考えられる（扮装擬態➡p.7）。

3つのタイプの「ふん」擬態
- ●…鳥のふんにそっくり
- ●…けもののふんにそっくり
- ●…虫のふんにそっくり

鳥のふんにそっくり

●**クロアゲハの幼虫**
【チョウ目アゲハチョウ科】 ➡p.121
光沢があって、まだ新しいふんに似ている。

モデル　これは本物の鳥のふん。

●**トリノフンダマシ**
【クモ目コガネグモ科】
そのすがたから「鳥のふんだまし」という名がつけられたクモのなかま。

擬態ポーズをやめるとこんなすがた。

●**カトウツケオグモ**
【クモ目カニグモ科】
前の4本のあしを折りたたんでふんに化けている。このなかまは、えものをひきつけるにおいを出している可能性がある。

擬態ポーズをやめるとこんなすがた。

● クワコの幼虫
【チョウ目カイコガ科】

小さなうちは、鳥のふんに似ている。

体をねじらせているので、ふんのかたまりに見える。

● オカモトトゲエダシャクの幼虫
【チョウ目シャクガ科】

● スカシカギバの幼虫
【チョウ目カギバガ科】
→ p.155

体を折りまげたポーズによって、ふんっぽさがより強調されている。

● マダラエグリバの幼虫
【チョウ目ヤガ科】

体はふんにそっくりで、頭はテントウムシに似ている。

● ミナミクロホシフタオの幼虫
【チョウ目ツバメガ科】

長皮がなめらかで光沢があり、ひねり出されたばかりのふんに見える。

ハバチの幼虫にはめずらしく、鳥のふんにそっくり。

● トゲアシハバチの一種の幼虫
【ハチ目ハバチ科】

● **コシロアシヒメハマキ**
【チョウ目ハマキガ科】

はねの下半分が白くて、ひからびた鳥のふんにそっくり。

● **ナカジロハマキ**
【チョウ目ハマキガ科】

左のコシロアシヒメハマキとは配色が逆で、上半身が白い。

● **オジロアシナガゾウムシ**
【コウチュウ目ゾウムシ科】

擬態がばれそうになると、すぐに下に落ちてしまう。

● **エゾナガヒゲカミキリ**
【コウチュウ目カミキリムシ科】

あしをちぢめて触角を前にそろえているので、カミキリムシのなかまだとは思えない。

● **ホソアナアキゾウムシ**
【コウチュウ目ゾウムシ科】
→ p.212

少しかわいた鳥のふんに似ている。

● **イチモンジカメノコハムシ**
【コウチュウ目ハムシ科】
→ p.212

体のまわりが半透明なので、水分の多いふんに見える。

虫のふんにそっくり

● **ムシクソハムシ**
【コウチュウ目ハムシ科】
→ p.208

ここだよ。

中央右がムシクソハムシ。ほかの3つはイモムシのふん。

→ p.209

● **ユリクビナガハムシの幼虫**
【コウチュウ目ハムシ科】

自分のふんを背中にのせている。

個体によって色がちがい、茶色っぽい個体（左の写真）は古いふんに、黒い個体（下の写真）は新しいふんに似ている。

● **クロヒラタヨコバイ**
【カメムシ目ヨコバイ科】

● **ヤノナミガタチビタマムシ**
【コウチュウ目タマムシ科】

擬態にあまり自信がないのか、敵が近づくとすぐに飛んで逃げる。

けもののふんにそっくり

● **ギンモンカギバの幼虫**
【チョウ目カギバガ科】

白っぽいこぶが、ふんにまざりこんだ未消化物のように見える。

おしりからひねり出された形をみごとに再現している。

● **モントガリバの幼虫**
【チョウ目カギバガ科】
→ p.157

コラム❸
リサイクルで身を守る

「リサイクル」とは、いらなくなったごみを捨てないで、もう一度、何かの材料として利用することをいう。リサイクル活動は、私たちにとって、地球の資源を守るためや、ごみをへらすために大切な取り組みだ。昆虫のなかにも、えさを食べたあとに出た食べかすや、自分が出したふん、脱皮のときにぬぎ捨てたぬけがらなどを使って、ひそかにリサイクル活動をおこなっているものたちがいる。

食べかすを背負うヨツボシアカマダラクサカゲロウ（クサカゲロウ科）の幼虫。クサカゲロウのなかまの幼虫は、アブラムシやカイガラムシなどをとらえ、体液をすってしまう肉食昆虫だ。体液をすったあとの食べかすは、体にくっつけて、身をかくすのに役立てる。食べかすをたくさんくっつけた幼虫は、まるでゴミのかたまりのようだ。くっつけているのは食べかすだけではない。よく見ると、幼虫の右上に、脱皮したときに残された頭部のからがくっついているのがわかる。

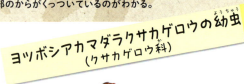
ヨツボシアカマダラクサカゲロウの幼虫
（クサカゲロウ科）

柵の上を歩くニトベミノガ（ミノガ科）の幼虫。植物の切れはしを集めてつくった巣（みの）を背負ってくらしているミノムシのなかまだ。巣の出入口のところには、クサカゲロウの幼虫と同じように、頭部のからをくっつけている。

ニトベミノガの幼虫
（ミノガ科）

頭部のから

オオコブガ（コブガ科）の幼虫は、脱皮をするたびに出た頭部のからを、自分の頭の上に積みかさねていく習性がある。この幼虫は、3つのからをのせているので、今が4齢だとわかる。このように、頭部のからを、まるでおまじないみたいに、だいじにとっておく幼虫が多いのは、いったいどうしてだろう。もしかしたら、頭部のからには、天敵を寄せつけないひみつの力があるのかもしれない。

オオコブガの幼虫
（コブガ科）

おしゃれだね。

ムシクソハムシの幼虫
（ハムシ科）

自分のふんでつくったケース（携帯巣）を背負うムシクソハムシ（ハムシ科）の幼虫（→p.208）。ふんの家は、幼虫のすみかになるだけでなく、敵が近づいたときに、幼虫が中にひっこむと、イモムシのふんにそっくりになって敵の目をあざむくのにも役立つ。

自分のふんでりっぱな巣をつくる名人といえばツマグロフトメイガ（メイガ科）の幼虫だ。その巣は、ふくろのようになっていて、幼虫が育つにつれて、どんどん新しいふんをつぎ足し、増築できるようになっている。

ツマグロフトメイガの幼虫
（メイガ科）

つくられはじめたばかりのまだ小さな巣。粉のような細かいふんでできている。巣のはしっこは葉にくっつけられていて、中にかくれている幼虫は、別のはしっこから顔を出して葉を食べる。新しいふんは、幼虫が顔を出している側につぎ足されていく。

大きくなった巣。中の幼虫がだんだん育っていくので、新しくつぎ足されるふんもどんどん大きくなっていく。巣をつくりはじめたころに使われた古いふんは、かわいて白っぽくなっている。

イチモンジカメノコハムシの幼虫
（ハムシ科）

イチモンジカメノコハムシ（ハムシ科）の幼虫（→p.211）は、ぬけがらとふんの両方を使い、盾のようなカバーをつくって身を守っている。

巣から顔を出している幼虫。コナラの葉をあしでささえながら食べている。

【擬態タイプ16】死んだふり

天敵の気配を察したり、おどろいたりしたときに動きをとめ、まるで死んだようになることを「擬死」という。動きをとめた昆虫は、しばらくは微動だにしないので、天敵の興味をそらせることができると考えられる。また、ケムシのなかまなどには、脱皮したあとのぬけがらに似たものがいて、命がないものになりきるという意味では擬死に似ている。

みんな演技派だね！
うむ！

クロモンキリバエダシャクの幼虫
【チョウ目シャクガ科】

葉の上で死んだようにぐったりしていたが……

著者が写真を撮っていると、むっくりと体を起こし、

元気よく歩きはじめた。

アリが体の上をはっているが、それでもまったく動かない。

シロコブゾウムシ
【コウチュウ目ゾウムシ科】

クチカクシゾウムシの一種
【コウチュウ目ゾウムシ科】
腹面に、長い口吻をぴったりしまえるみぞがある。

コクワガタ
【コウチュウ目クワガタムシ科】
触角とあしをぎょうぎよく折りたたんでいる。

ハバビロコブハムシ
【コウチュウ目ハムシ科】
腹面に、頭もあしもぴったりフィットするみぞがある。

トゲサシガメ
【カメムシ目サシガメ科】

さわらないで！

触角にも生気がなく、かわいた死骸のように見える。

ふだんのすがた

ヒロバトガリエダシャク
【チョウ目シャクガ科】

柵にとまっていた個体にさわってみたら、下に落ちてあしをちぢめ、動かなくなった。

小さなぬけがらがならんでいるように見えるが、全部生きている幼虫。

キボシマルウンカの幼虫
【カメムシ目マルウンカ科】
→ p.235

コシボソヤンマの幼虫（ヤゴ）
【トンボ目ヤンマ科】

まるで、神様に「お助けください！」とお祈りしているかのようなポーズ。

左と中央上はぬけがらで、右が幼虫本体。幼虫もぬけがらのように見える。

リンゴコブガの幼虫
【チョウ目コブガ科】

ぬけがら　幼虫　ぬけがら

クロモンカギバの蛹
【チョウ目カギバガ科】

体の中ほどに黒い紋があり、あながあいて死んでしまった蛹に見える。

【擬態タイプ17】 顔はどこ？

チョウやガのなかまには、はねのはしっこに、まるで頭のように見えるもようや突起をもつものがいる。このニセモノの頭は、急所であるほんとうの頭を天敵の攻撃から守ることに役立っていると考えられる。イモムシにも、どちらが頭でどちらがおしりなのかわかりにくいものが多い。

イワカワシジミ
【チョウ目シジミチョウ科】

後ろばねのはしに、丸く突出した部分と尾状突起をもつ。

横から見たところ

アカシジミ
【チョウ目シジミチョウ科】
➡ p.129

後ろばねのはしに、目に似た紋と触角に似た尾状突起をもつ。

後ろから見たところ

後ろから見ると、化けものの顔のように見える。

ウスキツバメエダシャク
【チョウ目シャクガ科】

はねに赤い目をした異星人の顔が!?

キアゲハ
【チョウ目アゲハチョウ科】
➡ p.120

後ろばねに赤い目玉と黒い触角があるように見える。

クロスジホソサジヨコバイ
【カメムシ目ヨコバイ科】

はねの先に目のような紋があり、頭とおしりが逆に見える。

←目のような紋
↑本物の目

ハマオモトヨトウの幼虫
【チョウ目ヤガ科】

頭もおしりも、テントウムシに似ている。

ツマジロクロハバチの幼虫
【ハチ目ハバチ科】

おしりに、まるでイヌの顔のような紋がある。

ツマキホソハマキモドキ
【チョウ目ホソハマキモドキガ科】

とまっているときに、後ろあしをちょこちょこと動かすので、触角のように見える。

後ろあし→

フタトガリアオイガの幼虫
【チョウ目ヤガ科】

おしりに、真っ赤なくちびるの紳士の顔が!?

←おしり

77

もちあげたおしりの先が、頭と同じ色。

ヒラアシハバチの幼虫
【ハチ目ハバチ科】

コラム④ 虫とにらめっこ

みんないい変顔してるね！

野山で虫に出会ったとき、その体に、まるで、にらめっこをしているような、へんてこな顔がうかんでいるのに気づくことがある。虫を見つけたら、体のどこかにマボロシの顔がうかんでいないか、たしかめてみよう。

アオスジアゲハの幼虫（アゲハチョウ科）
ひげをはやした、いねむりおじさん

ヒロズイラガの幼虫（イラガ科）
ごきげんななめのヒヒ

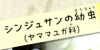
シンジュサンの幼虫（ヤママユガ科）

ニコニコ顔のおしり
※これは、頭部ではなくて腹端（おしり）。

ニヤリと笑うおサルさん
シロオビトリノフンダマシ（コガネグモ科）

ウヒョヒョと笑う怪物
クロメンガタスズメ（スズメガ科）

アズチグモ（カニグモ科）
まゆ毛が太いおじさん

赤ら顔のキラキラおじさん
オオキンカメムシの幼虫（キンカメムシ科）

アカスジシロコケガ（ヒトリガ科）
にっこりニコちゃん

【擬態タイプ18】スズメバチ・アシナガバチ

毒針をもつハチのなかまは、種のことなるものどうしがおたがいによく似たすがたになり、天敵に「私たち危険だよ！」と伝えることによって効率よく身を守っている（ミュラー型擬態→p.9）。そして、ハエやアブ、カミキリムシなど、毒針をもたない虫たちにも、すがたをハチに似せて、「危険だよ！（ほんとうは危険じゃないけど……）」というウソの信号を送っているものがたくさんいる（ベイツ型擬態→p.8）。ここでは、黄色と黒のしまもようが印象的なスズメバチやアシナガバチに擬態する虫たちを紹介する。

スズメバチ・アシナガバチに擬態するいろいろな虫たち

● …毒をもたないハチ　● …ハエ・アブのなかま　● …カミキリムシのなかま　● …ガのなかま　● …その他の昆虫

モデル
オオスズメバチ
【ハチ目スズメバチ科】

モデル
キイロスズメバチ
【ハチ目スズメバチ科】

モデル
キイロアシナガバチ
【ハチ目スズメバチ科】

モデル
ムモンホソアシナガバチ
【ハチ目スズメバチ科】

● 毒をもたないハチ

● マライセヒラクチハバチ
【ハチ目コンボウハバチ科】

ハバチやキバチのなかまは毒針をもたないが、毒針をもつハチにすがたを似せて身を守っていると思われるものが少なくない。コンボウハバチのなかまには、このマライセヒラクチハバチのように、スズメバチに似た種がいくつかいる。

● トガリハチガタハバチ　→p.222
【ハチ目ハバチ科】

ホソアシナガバチのなかによく似ている。

● カタマルヒラアシキバチ
【ハチ目キバチ科】

スズメバチのなかまによく似ている。

ハエ・アブのなかま

●ジョウザンナガハナアブ
【ハエ目ハナアブ科】

まっすぐに飛んでいくすがたが
キイロスズメバチにそっくり。

●カワムラヒゲボソムシヒキ
【ハエ目ムシヒキアブ科】

長くのびた触角も
ハチに似ている。

●アカウシアブ
【ハエ目アブ科】

すがただけでなく、飛び
かたや羽音までスズメ
バチに似ている。

●シロスジナガハナアブ
【ハエ目ハナアブ科】

腹部の白い紋のために、腰が
くびれているように見える。

●フトハチモドキバエ
【ハエ目デガシラバエ科】

形も色彩も飛びかた
も、オオスズメバチ
によく似ている。

●オオハチモドキバエ
【ハエ目デガシラバエ科】

キイロスズメバチに似ている。

カミキリムシのなかま

● **オオヨツスジハナカミキリ**
【コウチュウ目カミキリムシ科】

スズメバチに似ている。色彩変異があり、黄色い筋がもっとはっきりした個体もいる。

● **トラフカミキリ**
【コウチュウ目カミキリムシ科】
すがたも歩きかたもスズメバチに似ている。

● **ヨツスジハナカミキリ**
【コウチュウ目カミキリムシ科】
とまっているときだけでなく、飛んだときのすがたや羽音もハチに似ている。

● **ヨツスジトラカミキリ**
【コウチュウ目カミキリムシ科】

見た目や大きさがアシナガバチのなかまに似ている。

飛ぶと腹部のしまもようが目立ち、よりいっそうハチのように見える。

→ p.20

● **ヤノトラカミキリ**
【コウチュウ目カミキリムシ科】

ガのなかま

● セスジスカシバ
【チョウ目スカシバガ科】

ハチにしては頭が小さすぎるが、遠くから見たときや、飛んでいるときには、胸部がハチの頭のように見える。

● コシアカスカシバ
【チョウ目スカシバガ科】
➡ p.141

クヌギの樹皮に産卵中。樹液によってきたスズメバチにしか見えない。

その他の昆虫

ヒメカマキリモドキ
【アミメカゲロウ目カマキリモドキ科】

カマ状の前あしをたたむと、その部分がハチの顔のように見える。

● ホソヘリカメムシ
【カメムシ目ホソヘリカメムシ科】
➡ p.241

ふだんはかくれている腹部にしまもようがある。

さわらないで！ モンスズメバチの頭部。

83

【擬態タイプ19】

ドロバチ

ドロバチのなかまも毒針をもっており、黒地に数本の黄色い帯が入った目立つすがたをしている。ハナアブやスカシバガのなかまには、色彩や体型がドロバチにそっくりなものがいる。とくに、腰の部分が細くくびれているものは、おどろくほどドロバチに似ている。

> ドロバチに擬態するいろいろな虫たち
> ● …ガのなかま　● …カミキリムシのなかま
> ● …ハエ・アブのなかま

モデル
オオフタオビドロバチ
【ハチ目スズメバチ科】

モデル
ミカドトックリバチ
【ハチ目スズメバチ科】

● ヒメコスカシバ
【チョウ目スカシバガ科】

近いなかまのコスカシバとは、腹部にある黄色い帯の数や位置がちがう。

ガのなかま

● コスカシバ
【チョウ目スカシバガ科】

擬態を極めすぎたのか、モデルのハチ以上にはねがスケスケになっている。

● ヒメアトスカシバ
【チョウ目スカシバガ科】
➡ p.142

触角やあしの太さなど、細かいところまでハチに似ている。

● ムラマツカノコ
【チョウ目ヒトリガ科】

目立つ場所にどうどうととまっていることが多い。

ハエ・アブのなかま

●ハチモドキハナアブ
【ハエ目ハナアブ科】
→ p.221

色やもようだけでなく、腰のくびれもハチそのもの。

前あしを前にのばしていることが多い。もしかしたら、ハチの触角に似せようとしているのかもしれない。

●ススバネナガハナアブ
【ハエ目ハナアブ科】

はねをたたんでとまっているときは、それほどハチに似ていなかったが……

刺激するとはねを開き、一瞬でハチに化けた。

●ケブカハチモドキハナアブ
【ハエ目ハナアブ科】

●ムツボシハチモドキハナアブ
【ハエ目ハナアブ科】

細くくびれた腰は、トックリバチのなかまに似ている。

カミキリムシのなかま

●キスジトラカミキリ
【コウチュウ目カミキリムシ科】
→ p.206

上ばねのつけ根に茶色い紋があるため、腰が細くなっているように見える。

【擬態タイプ20】ハナバチ

ミツバチやマルハナバチなどハナバチのなかまは、それほど攻撃的ではないが、油断すると毒針でさされることがあるのであまり近づきたくない存在だ。花にやってきていたり、葉っぱにとまっている「ハチっぽい」虫たちをよく見ると、ハナバチのすがたをまねて身を守っているニセモノたちがたくさんまざっていることに気づく。

ハナバチに擬態するいろいろな虫たち
- ●…ハエ・アブのなかま
- ●…コガネムシのなかま
- ●…ガのなかま
- ●…毒をもたないハチ

モデル
ニホンミツバチ
【ハチ目ミツバチ科】

モデル
オオマルハナバチ
【ハチ目ミツバチ科】

モデル
コマルハナバチ
【ハチ目ミツバチ科】

モデル
トラマルハナバチ
【ハチ目ミツバチ科】

ハエ・アブのなかま

●シマハナアブ
【ハエ目ハナアブ科】

ミツバチに似ている。

●スキバツリアブ
【ハエ目ツリアブ科】

ミツバチに似ている。

●ベッコウハナアブ
【ハエ目ハナアブ科】

トラマルハナバチに似ている。

●ハラブトハナアブの一種
【ハエ目ハナアブ科】

コマルハナバチに似ている。

●ハラブトハナアブの一種
【ハエ目ハナアブ科】

オオマルハナバチに似ている。

●オオイシアブ
【ハエ目ムシヒキアブ科】

コマルハナバチに似ている。

ガのなかま

●キハダカノコ
【チョウ目ヒトリガ科】

ハチ以上にはっきりしたしまもようをもつ。

●オオスカシバ
【チョウ目スズメガ科】

日中に「ブーン」と羽音をたててさかんに飛びまわるので、ハチによくまちがえられる。

●モモブトスカシバ
【チョウ目スカシバガ科】

あしが毛むくじゃらのガ。飛ぶすがたがマルハナバチのなかまに似ている。

毒をもたないハチ

●ホシアシブトハバチ
【ハチ目コンボウハバチ科】

肩にある紋が、ハナバチがつくる花粉玉のように見える。

コガネムシのなかま

●トラハナムグリ
【コウチュウ目コガネムシ科】
→ p.201

前胸が短い毛におおわれていて、トラマルハナバチに似ている。

●ヒメトラハナムグリ
【コウチュウ目コガネムシ科】

上ばねの横じまもようが、ミツバチの腹部にそっくり。

【擬態タイプ21】その他のハチ

毒針をもつハチのなかまは、スズメバチやハナバチだけではない。ここでは、さまざまなすがたのハチに擬態した虫たちを紹介する。

うむ。それほどハチは、みんなにおそれられているってことだ。

ハチにそっくりな昆虫って、たくさんいるんだね。

モデル
サトジガバチ
【ハチ目アナバチ科】

モデル
アメバチのなかま
【ハチ目ヒメバチ科】

腹部の形や色がジガバチそっくり。

オオマエグロメバエ
【ハエ目メバエ科】

オオホソコバネカミキリ
【コウチュウ目カミキリムシ科】

動きまでハチに似ていて、つかまえると腹端を曲げてさすまねをする。

伐採木などで見られる。胸部が赤いのでよく目立つ。

クビアカトラカミキリ
【コウチュウ目カミキリムシ科】

メスは腹端がとがっていて、見るからに危険そう。

ベッコウガガンボ
【ハエ目ガガンボ科】
→ p.218

モデル
トゲムネアリバチ
【ハチ目アリバチ科】

モデル
オオモンクロクモバチ
【ハチ目クモバチ科】

コラム 5

メスをまねるオス、オスをまねるメス

　ハチのなかまには、スズメバチやアシナガバチをはじめ、毒針をもつものが多いが、この武器は、メスの産卵管が変化したものなので、オスにはもともと備わっていない。つまり、おそろしいすがたをしたスズメバチが目の前にあらわれたとしても、それがオスであるなら、たとえ手づかみにしたとしてもさされる心配はない。
　しかし、毒針をもつハチの多くは、オスとメスのすがたがよく似ているので、よほど慣れていないかぎり、すぐに見わけることができず、とりあえずは逃げることになってしまう。昆虫のなかには、オスとメスですがたがことなり、ひと目見ただけでオスかメスかがわかるものも多いのに、多くの（毒針をもつ）ハチで、オスのすがたがメスに似ているのは、オスが、武器をもつメスをまねることによって身を守る、ベイツ型擬態（→p.8）をしているためと考えられる。

　アシナガバチのなかまのオスは、危険を感じたときに、腹部を相手に向けて曲げ、いかにも「近づくとさすぞ！」というしぐさをすることがある。すがただけでなく、動きでも毒針をもっているふりをして身を守っていると思われる。

キアシナガバチ
（スズメバチ科）

おしりをこちらに向けておどすキアシナガバチのオス。触角が長いことや顔が白っぽいことなどでメスと見わけられる

オオモンツチバチ
（ツチバチ科）

オオモンツチバチのメス。

オオモンツチバチのオス。おしりに小さなトゲがある。

　ツチバチのなかまのオスも、触角が長いことをのぞいては、メスにすがたがよく似ているものが多い。それに加えて、オスのおしりには、小さなトゲがあり、これは、メスのもつ毒針に似せたものだとする説がある。このトゲに毒はないが、とがっているので、皮膚におしつけられると痛い。メスの産卵管は体の中にしまいこめるのでふだんは見えないが、オスのトゲはしまえないのでいつも見えている。

　ほとんどのトンボのなかまは、オスとメスで色がちがっている。しかし、一部の種のメスには、オスとちがう色のもの（異色型、非擬態型）と、オスに似た色のもの（オス型、擬態型）がまざっている。トンボのオスは、交尾相手をさがして、メスをしつこく追いかけまわすことが多い。交尾を終えて産卵しようとしているメスも、たびたびオスに追いかけられるので、オスがたくさんいる場所では、メスはゆっくり産卵することができない。しかし、オスに似た色をしたメスは、メスであることに気づかれにくいので、オスにじゃまされず、よりたくさんの卵をうむことができると考えられる。

交尾するアオモンイトトンボのペア。上がオスで、下が異色型（非擬態型）のメス。

こちらのペアのメス（下）は、オス型（擬態型）。

アオモンイトトンボ
（イトトンボ科）

【擬態タイプ22】アリ

アリは、分類上はハチのなかまで、集団で生活する。じょうぶな大あごをもち、ハチと同じようにおしりに毒針をもつものや、蟻酸とよばれる毒液を出して相手にふりかけるものもいる。アリにすがたが似ている昆虫は、天敵をひるませ、身を守ることができると考えられる。体が小さな若齢幼虫のうちだけ、アリに似ているものも多い。

モデル
クロヤマアリ
【ハチ目アリ科】
もっともよく見られるアリのなかま。

ホソヘリカメムシの幼虫
【カメムシ目ホソヘリカメムシ科】
→ p.241

若齢幼虫のうちだけアリに似ている。アリとはちがって、長い口吻をもつ。

ヒメカマキリの幼虫
【カマキリ目ハナカマキリ科】
→ p.247

若齢幼虫のうちだけアリに似ている。反りかえらせた腹部は、上から見ると、丸みのあるアリの腹部に似ている。

ヒメシャチホコの幼虫
【チョウ目シャチホコガ科】

若齢幼虫のうちだけアリに似ている。イモムシにしてはめずらしく、長い胸脚をもっている。2匹とも眠※の状態で、とくに、左の個体は腹部を背中側に折りたたんでいるのでアリにしか見えない。
※次の齢への脱皮が近づいた幼虫がじっとして動かなくなった状態。

ネカクシ科のコウチュウは寸胴型のものが多いが、アリガタハネカクシのなかまは、頭部と前胸に丸みがあり、アリに似ている。

ルイスオオアリガタハネカクシ
【コウチュウ目ハネカクシ科】

ホソクビアリモドキ
【コウチュウ目アリモドキ科】

アリモドキのなかまは、3〜4mmの小さな種が多く、すばやく走りまわるところもアリに似ている。

ツチハンミョウの一種
【コウチュウ目ツチハンミョウ科】

地面を歩いていることが多く、アリによくまちがわれる。体液に毒がある。

頭胸部の側面にある白い紋のために、頭と胸が分かれているように見える。

白い紋

ヤサアリグモ
【クモ目ハエトリグモ科】

昆虫は、体が3つの部分（頭部・胸部・腹部）からなるが、クモは、頭部と胸部が一体化していて、頭胸部と腹部の2つの部分しかない。また、昆虫のあしは6本だが、クモのあしは8本だ。

すがたも動きもアリにそっくりだが、あわてて逃げるときには、ジャンプしたり、おしりから糸を出してぶら下がったりするので、正体がばれてしまう。

アリグモ
【クモ目ハエトリグモ科】 ➡ p.273

コラム 6

においのベールに守られて

　私たち人間は、視覚（目で物を見る感覚のこと）が発達した生きものなので、「見た目」を似せた虫たちの擬態には、よく気づくことができる。この本でとりあげている擬態も、ほとんどが視覚にかかわるものだ。しかし、昆虫の天敵は、必ずしも視覚だけをたよりにしてえものをさがしているわけではない。

　たとえば、夜に活動するコウモリは、聴覚（音を感じる感覚のこと）を使ってえものをとらえる。そのため、ガやハンミョウのなかまには、コウモリがきらう有毒のガが発する音をまねることによって身を守っているものがいることが知られている（音響擬態）。

　嗅覚（においを知る感覚のこと）をたよりにえものをさがしている天敵も多い。とくに、集団でくらすことで知られるアリのなかまは、えものをさがすときだけでなく、同じなかまとのコミュニケーションにも嗅覚を利用している。においをまねて相手をだますことを「化学擬態」というが、ここでは、化学擬態によって、アリの攻撃から身を守ったり、アリの巣に入りこんで食べものを横どりしたりする昆虫たちを紹介しよう。

　トビモンオオエダシャク（シャクガ科）の幼虫は、大きく育つと90mm以上にもなる巨大なイモムシだ（→p.161）。小枝にそっくりで、樹木にじっととまっていると、そうかんたんには見つけられない。小枝によく似ていることは、イモムシの重要な天敵である鳥から身を守るのに役立っていると考えられる。しかし、鳥と同じく重要な天敵であるアリのなかまは、おもに嗅覚をたよりにえものをさがしているので、すがたが小枝に似ているだけではその攻撃を防ぐことができない。そこで、トビモンオオエダシャクの幼虫は、アリにも気づかれないよう、とまっている枝の表面をおおっている物質と同じ成分の物質で体をおおうことによって、「見た目」だけでなく「におい」の面でも枝になりすましている。

トビモンオオエダシャクの幼虫（シャクガ科）

クリの枝を歩いてきたシリアゲアリの一種が、トビモンオオエダシャクの幼虫に気づかずに、幼虫の体の上を歩いているところ。枝の表面をおおっている物質は、樹木の種類によって成分がちがっているが、トビモンオオエダシャクの幼虫は、とまっている樹木にあった物質で体をおおっている。

アリヅカムシの一種（ハネカクシ科）

　アリそのものに化学擬態してアリの巣に中に入りこみ、安全なすみかや食べものを手に入れている昆虫は、いろいろなグループで知られている。コウチュウ目では、オサムシ科、エンマムシ科、ハネカクシ科、ミツギリゾウムシ科などにアリの巣でくらす種がいて、とくに、ハネカクシ科に多い。

　アリヅカムシの一種（ハネカクシ科）。体長3mmぐらい。アリの巣の中でよく見つかることから「蟻塚」（アリの巣のこと）の名がつけられている。アリヅカムシの一部の種は、アリのなかまと同じにおい成分をまとっていることが知られている。

アリヅカコオロギの一種
（アリヅカコオロギ科）

バッタ目のアリヅカコオロギのなかまも、その名のとおり、アリの巣の中でくらしている。動きがとてもすばやく、アリのすきをついて巣に入りこむと、巣の中でアリの体をさわることによってアリのもつにおい成分を自分の体にうつし、まんまとアリになりすましてしまう種がいる。

アリヅカコオロギの一種（アリヅカコオロギ科）。体長3mmぐらい。はねはなく、体に丸みがあり、アリの巣の中でくらすのに都合のよい形をしている。

アリのなかまには、女王アリが、別の種類のアリの巣の中に入りこんで、その巣をのっとってしまうものがいる。トゲアリの新女王（生まれ育った巣から出て交尾を終え、これから新しい家族をつくろうとしている女王）は、まず、クロオオアリの巣の中にしのびこみ、働きアリの背中にしがみついて、そのにおい成分を自分の体にうつしてしまう。クロオオアリのにおいをうばったトゲアリの新女王は、次に、巣の奥にいるクロオオアリの女王をさがしだすと、しばらく背中にしがみついて、女王のにおいをうばってからかみ殺してしまう。それからは、クロオオアリの女王にかわって、トゲアリの女王が卵をうみはじめ、クロオオアリの働きアリは、トゲアリの卵や幼虫を育てる。やがて、巣の中のアリのすべてが、クロオオアリからトゲアリにおきかわってしまうのだ。

トゲアリ
（アリ科）

トゲアリの新女王。体長10mmぐらい。働きアリとちがって体全体が黒く、トゲは小さい。クロオオアリのほか、ムネアカオオアリの巣ものっとることがある。

トゲアリの働きアリ。体長7〜8mm。

ワシもだまされてみたい！

守って、だまして…におい、おそるべし！

【擬態タイプ23】テントウムシ

テントウムシのなかまは、敵におそわれると、体内から毒をふくんだ黄色または赤色の液体を分泌する。テントウムシには赤や黒などの目立つ斑紋をもつものが多いが、ハチのなかまと同じく、種のことなるものどうしがおたがいによく似たすがたになって効率よく身を守っていると考えられる（ミュラー型擬態→p.9）。ハムシのなかまをはじめ、テントウムシに似たすがたに進化して天敵をあざむいていると思われる虫はとても多い（ベイツ型擬態→p.8）。

危険を感じて、毒をふくんだ液体を出すカメノコテントウ

モデル
ナナホシテントウ
【コウチュウ目テントウムシ科】

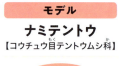

モデル
ナミテントウ
【コウチュウ目テントウムシ科】

色や紋の数は個体によってちがう。

モデル
シロジュウシホシテントウ
【コウチュウ目テントウムシ科】

モデル
ニジュウヤホシテントウ
【コウチュウ目テントウムシ科】

色や紋の数は個体によってちがう。

アオバセセリの幼虫
【チョウ目セセリチョウ科】
頭部がナナホシテントウにそっくり。

ゴマダラオトシブミ
【コウチュウ目オトシブミ科】
ニジュウヤホシテントウに似ている。

ニセクロホシテントウゴミムシダマシ
【コウチュウ目ゴミムシダマシ科】
この虫自体も天敵がいやがる物質を分泌している可能性がある。

ミナミアオカメムシ属の一種の幼虫
【カメムシ目カメムシ科】
齢幼虫のときだけ、テントウムシに似ている。

危険がせまると、テントウムシのように飛んでは逃げず、ジャンプしてすがたをくらます。

キボシマルウンカ
【カメムシ目マルウンカ科】 ➡ p.235

カイロトリノフンダマシ
【クモ目コガネグモ科】
➡ p.272
昼間は葉の上で静かにしていて、夜になるとあみをはる。

マルウンカ ➡ p.236
【カメムシ目マルウンカ科】
ウンカはふつう細長い体型だが、マルウンカのなかまは真ん丸だ。

ヨツボシナガツツハムシ
【コウチュウ目ハムシ科】

体型はちがうが、テントウムシを思いださせるデザイン。

ヨツボシテントウダマシ
【コウチュウ目テントウダマシ科】

体はテントウムシより細長いが色や紋はよく似ている。

触角が細長いのでハムシだとわかる。

ヘリグロテントウノミハムシ
【コウチュウ目ハムシ科】

イタドリハムシ
【コウチュウ目ハムシ科】

テントウムシと同じく、成虫で冬をこし、春先から活動する。

ヤナギハムシ
【コウチュウ目ハムシ科】

ヤナギで見つかり、遠くからでもよく目立つ。

ナホシテントウにっくりだが、星の数が1つ足りない。

クロボシツツハムシ
【コウチュウ目ハムシ科】

ヨツモンクロツツハムシ
【コウチュウ目ハムシ科】

ミテントウの4紋型に似ている。

ヤツボシハムシ
【コウチュウ目ハムシ科】

ナナホシテントウに似ているが、星の数が1つ多い。

シロジュウシホシテントウに似ている。

ムツキボシツツハムシ
【コウチュウ目ハムシ科】

【擬態タイプ24】ホタル

ホタルのなかまは、敵におそわれると、体内からくさい粘液を分泌する。ホタルのなかまには、前胸の色が赤で上ばねの色が黒のものが多く、特徴的な色彩によって天敵に警告を発していると考えられる。ホタルに色彩が似た昆虫はコウチュウのなかまをはじめとしてとても多く、ホタルガ、ホタルトビケラなど、名前に「ホタル」がつけられた種もいる。

モデル
ゲンジボタル
【コウチュウ目ホタル科】

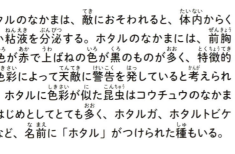

ホタルカミキリ
【コウチュウ目カミキリムシ科】

色だけでなく、触角の長さや太さもホタルに似ている。

ムネアカクシヒゲムシ
【コウチュウ目ホソクシヒゲムシ科】

体の形や色がホタルにそっくり。触角はベニボタルのなかまに似ている。

ジョウカイボンの一種
【コウチュウ目ジョウカイボン科】

ジョウカイボン科には、ほかにもホタルに似た色のものが多い。

キムネツツカッコウムシ
【コウチュウ目カッコウムシ科】

前胸に黒い紋があり、ホタルの前胸の配色に似ている。

ゴマキリムシの幼虫に寄生する寄生バチのなかま。

ムネアカトゲコマユバチ
【ハチ目コマユバチ科】

オスグロハバチ
【ハチ目ハバチ科】

毒針をもたないハチ。オスは真っ黒で、メスだけがホタルに似ている。

ヨコヅナサシガメ
【カメムシ目サシガメ科】

するどい口吻をもつので、この虫自体も危険。

さわらないで！

ムネアカアワフキ
【カメムシ目トゲアワフキムシ科】

左がオスで、右がメス。赤い部分の広さにちがいがあるが、どちらも、ホタルを連想させる色彩。

キムネヒメコメツキモドキ
【コウチュウ目オオキノコムシ科】

コメツキモドキのなかまには、ホタルに似た色のものが多い。

クロボシヒラタシデムシ
【コウチュウ目ハネカクシ科】

ちょっとポッチャリしたホタルみたいでかわいらしい。

ホタルガ
【チョウ目マダラガ科】
体内に毒をもつといわれている。

ホタルトビケラ
【トビケラ目エグリトビケラ科】
ホタルと同じく水辺で見れる。

キボシルリハムシ
【コウチュウ目ハムシ科】
前胸の黒い帯が少し太すぎるが、かなりホタルに近いすがた。

ヒメヤママユの幼虫
【チョウ目ヤママユガ科】
→ p.146
若齢のうちだけホタルに似た色をしている。

メスアカケバエ
【ハエ目ケバエ科】
メスだけがホタルに似ていて、オスは真っ黒。

セアカクロバネキノコバエ
【ハエ目クロバネキノコバエ科】
人が近よっても、すぐに逃げないことが多い。

【擬態タイプ25】

ベニボタル

ベニボタルのなかまは、体内に毒をもっているとされ、目立つすがたに進化することによって、天敵に対し「食べてはいけない」ことをアピールしていると考えられる。ベニボタルに似た昆虫のなかには、モデルのベニボタル以上にあざやかな色彩のものもいる。

モデル
ベニボタル
【コウチュウ目ベニボタル科】

クリベニトゲアシガ
【チョウ目ニセマイコガ科】

ガなのにコウチュウのように見える。

ベニヒラタムシ
【コウチュウ目ヒラタムシ科】

頭と前胸は真っ黒で、上ばねは真っ赤。ベニボタルよりもあざやかな色彩だ。

ムナビロアカハネムシ
【コウチュウ目アカハネムシ科】

このなかまのオスは、毒物質を蓄積しているとされる。

ベニバハナカミキリ
【コウチュウ目カミキリムシ科】

クリの花粉を食べている。モデルのベニボタルもよくクリの花にくる。

光沢のない少しくすんだ赤色が、ベニボタルにそっくり。

セアカナガクチキムシ
【コウチュウ目ナガクチキムシ科】

ミヤマベニコメツキ
【コウチュウ目コメツキムシ科】

くし状になった触角は、カクムネベニボタルなどに似ている。

ベニカミキリ
【コウチュウ目カミキリムシ科】

赤い色も黒い色も鮮明で、遠くからでもよく目立つ。

【擬態タイプ26】毒ケムシ

ガのなかまの幼虫には、天敵から身を守るために毒毛（毒針毛）をもつものがいる。しかし、それはほんのひとにぎりで、ほとんどの種は毒をもっていない。無毒なのに、毒をもつ幼虫にすがたを似せたり、まるで毒毛をもっているかのように威嚇のポーズをとったりするケムシには、まんまとだまされてしまう。

> 毒ケムシに擬態するいろいろな虫たち
> 🟢…ケンモンヤガのなかま　🟠…シャチホコガのなかま
> 🔵…毒のないドクガのなかま

毒ケムシの代表種。

モデル　ドクガの幼虫【チョウ目ドクガ科】

さわらないで！

モデル　キドクガの幼虫【チョウ目ドクガ科】

目立つ色彩と頭からつきでた毛束が特徴。

さわらないで！

危険を感じ、背中を丸めて毒毛を強調している。

モデル　クヌギカレハの幼虫【チョウ目カレハガ科】

さわらないで！

この下と右ページのケムシたちはすべて無毒！

ケンモンヤガのなかま

🟢**リンゴケンモンの幼虫**【チョウ目ヤガ科】
→ p.196

色彩がキドクガにそっくり。

色彩に変異がある。この個体は、色の組み合わせがドクガの幼虫に似ている。

こちらは、黄色と赤色が交互に入るラインが、キドクガなどに似ている。

🟢**ナシケンモンの幼虫**【チョウ目ヤガ科】

🟢**サクラケンモンの幼虫**【チョウ目ヤガ科】

葉の色にまぎれながら、毒ケムシのまねもしている。

🟢**キハダケンモンの幼虫**【チョウ目ヤガ科】

あやしげな長い毛がはえていて、背中のラインはキドクガに似ている。

🟢**キバラケンモンの幼虫**【チョウ目ヤガ科】

毛がはえたこぶがあって、いかにもあぶなそうだが、毒はない。

毒のないドクガのなかま

● アカヒゲドクガの幼虫
【チョウ目ドクガ科】

羽毛状の毛におおわれていて迫力があるが、毒はない。

● ヒメシロモンドクガの幼虫
【チョウ目ドクガ科】

カラフルな体のあちこちに、いろいろな形の毛束がはえている。

背中を丸めて必死に威嚇しているが、この毛束に毒はない。

● ブドウドクガの幼虫
【チョウ目ドクガ科】

● リンゴドクガの幼虫
【チョウ目ドクガ科】

危険を感じると、背中の黒い紋を見せつける。

● クロモンドクガの幼虫
【チョウ目ドクガ科】

背中の赤い毛束を見せつけている。

● カシワマイマイの幼虫
【チョウ目ドクガ科】

ぜったいにさわりたくない見た目だが、毒はない。

シャチホコガのなかま

● セグロシャチホコの幼虫
【チョウ目シャチホコガ科】
→ p.174

毒どくしい色あいで、あぶなそうなこぶももつが、危険はない。

103

【擬態タイプ 27】 毒のあるチョウやガ

チョウのなかまには、幼虫の食草にふくまれている毒成分を体内にためこんで身を守っているものがいる。そのような毒チョウ※が飛んでいる場所では、すがたは似ているが、毒をもたないまったく別の種がまざって飛んでいることがある。ドクガのなかまにも、無毒なのに毒毛をもつ種にそっくりなすがたをしているものがいる。

※毒チョウといっても、体内に毒があるだけなので、人間がさわっても危険はない。

シロオビアゲハ
【チョウ目アゲハチョウ科】
➡ p.118

メスの一部にベニモンアゲハに似たタイプがいる。南西諸島に生息。

体内に毒がある。南西諸島に生息。

モデル ベニモンアゲハ
【チョウ目アゲハチョウ科】

体内に毒がある。

モデル ジャコウアゲハ
【チョウ目アゲハチョウ科】

ガのなかまだが、ジャコウアゲハにそっくり。

アゲハモドキ
【チョウ目アゲハモドキガ科】
➡ p.158

モデル
カバマダラ
【チョウ目タテハチョウ科】

体内に毒がある。南西諸島に生息。九州より北にも迷チョウとして飛来する。

モデル
スジグロカバマダラ
【チョウ目タテハチョウ科】

体内に毒があると考えられている。八重山列島、宮古列島に生息。それより北にも迷チョウとして飛来する。

メス / オス

ツマグロヒョウモン
【チョウ目タテハチョウ科】
→ p.131

メスは、カバマダラのなかまに似ている。

メス / オス

メスアカムラサキ
【チョウ目タテハチョウ科】

メスだけが、カバマダラのなかまに似ていて、オスはまったくちがうすがた。八重山列島に生息。それより北にも迷チョウとして飛来する。

シロオビドクガは、毒のないドクガのなかまで、オスとメスで、はねのもようや色が大きくことなることで知られる。オスは、前ばねと後ろばねの両方が黒くて、前ばねには1本の白い帯があり、ホタルガ（マダラガ科）にそっくりだ。メスは、前ばねの白い帯がオスよりも複雑で、後ろばねは黄色く、黒い紋があり、ヒトリガ（ヒトリガ科）によく似ている。ホタルガも、ヒトリガも、天敵がおそうのをためらうことが知られており、シロオビドクガのオスとメスは、それぞれが、ちがう種類のガに擬態することによって身を守っていると考えられる。

コラム 7

はねにクモが！？

ある年の、夏まっさかりのころ、クリの葉の上で、ちょこまかと動いているオドリハマキモドキ（ハマキモドキガ科）を見つけた。はねをひろげても10mmにも満たない小さなガのなかまだ。遠くには飛んでいかず、同じ葉の上で、短い距離をはねるように移動したり、クルクルと回ったりをくりかえしている。前ばねを立て、後ろばねを横にひろげるとまりかたがおもしろく、正面から写真を撮ってみた。すると、そのすがたがハエトリグモにそっくりであることに気づいた。前ばねのふちには、ハエトリグモの目によく似た黒い紋がならんでいる。黒い紋の近くにある小さな白い点は、どうやら、目のかがやきをあらわしているようだ。横にひろげた後ろばねには、クモのあしのように見える筋もようがある。そして、ちょこまかとした動きかたまで、ハエトリグモによく似ていた。

オドリハマキモドキ（ハマキモドキガ科）

クリの葉にはねを立ててとまるオドリハマキモドキ。

キオビミズメイガ（ツトガ科）

サクラの葉にとまるキオビミズメイガ。下半身をもちあげているのは、はねにえがかれたハエトリグモの絵を、天敵に見せつけているのだろうか。

オドリハマキモドキと同じようなもようのガはほかにもいる。キオビミズメイガ（ツトガ科）を見つけたのは、梅雨のはじめのころだ。はねをひろげると25mmほどで、サクラの葉の裏で、下半身をもちあげるようにしてとまっていた。ガがとまっている葉をそっとひきよせ、逆方向から見ておどろいた。前ばねの下からのぞいている後ろばねのへりには、黒い紋がならんでいる。これはまさしく、ハエトリグモの目！そして、前ばねには、黒くふちどられたオレンジ色の筋もようがあり、後ろばねのもようと組み合わせると、それが、ハエトリグモのあしのように見えることがわかった。

ガをさかさまにしてみたら、ハエトリグモのすがたがうかびあがった。

この2種のガは、まったくちがう科に属しているので、それぞれが別の進化の道筋をたどって、ハエトリグモに似たすがたにたどりついたと考えられる。オドリハマキモドキが、前ばねでハエトリグモの頭部や目をあらわし、前ばねであしをあらわしているのに対し、キオビミズメイガの場合は、前ばねと後ろばねの使いかたが逆であることもおもしろい。

モデル ネコハエトリ（ハエトリグモ科）

【擬態タイプ28】 ヘビ

ヘビは、するどいきばをもつ攻撃力の高い生きものだ。鳥など昆虫の天敵には、ヘビをきらうものが多く、私たち人間もヘビを見ると本能的に逃げだしたくなってしまう。チョウやガの幼虫（イモムシ）には、細長い体型をいかし、ヘビにすがたを似せて身を守っているものがいる。

モデル
ニホンマムシ
【有隣目クサリヘビ科】

毒牙をもつ。 さわらないで！

木の上によくひそんでいる。

モデル
アオダイショウ
【有隣目ナミヘビ科】

オオゴマダラエダシャクの幼虫
【チョウ目シャクガ科】

ふくらんだ胸部がうす笑いをうかべるヘビのかおのよう。

ビロードスズメの幼虫
【チョウ目スズメガ科】
→ p.150

胸部をふくらませると、おどろくほどヘビに似ている。

カラスアゲハの幼虫
【チョウ目アゲハチョウ科】

危険を感じる胸部をふくらませ、体をゆっくりと左右にゆらす

ブドウスズメの幼虫
【チョウ目スズメガ科】

危険を感じると、胸部を横にひろげて威嚇する。

ソマベニチョウの幼虫
【チョウ目シロチョウ科】
p.124

敵が近づくと、上半身をもちあげて威嚇する。

眼状紋が飛びだしていて迫力がある。

ミスジビロードスズメの幼虫
【チョウ目スズメガ科】

シンジュサン
【チョウ目ヤママユガ科】

前ばねの先が鎌首をもちあげたヘビのように見える。

おしりの部分がまるで舌を出しているヘビのよう。

→ p.171

ムラサキシャチホコの幼虫
【チョウ目シャチホコガ科】

ベニスズメの幼虫
【チョウ目スズメガ科】

ウロコ状のもようがあり、マムシに似ている。

109

【擬態タイプ29】 トゲトゲ

イラガのなかまの幼虫は、毒のあるトゲで武装しており、誤ってふれるとピリピリとした痛みが走る。タテハチョウやテントウムシのなかまの幼虫にも、全身にトゲ状の突起をもち、危険なオーラを放っているものがいる。しかし、それらの突起は、見た目とはちがってささらないし毒もない。

モデル
イラガの幼虫
【チョウ目イラガ科】
全身が毒トゲにおおわれている。

さわらないで!!

トホシテントウの幼虫
【コウチュウ目テントウムシ科】

完璧なトゲ武装のように思えるが……

イチモンジチョウの幼虫
【チョウ目タテハチョウ科】
体だけでなく、顔までトゲだらけ。

勇気を出してさわってみるとふにゃふにゃだ。

ツマグロヒョウモンの幼虫
【チョウ目タテハチョウ科】

p.131

毒どくしい体色とトゲトゲで身を守っているが、毒はないし、トゲもささらない。

ルリタテハの幼虫
【チョウ目タテハチョウ科】

敵に見つかると背中を丸めて防御のポーズをする。トゲ状の突起はいかにもささりそうだが、ささらないので危険はない。

ギンシャチホコの幼虫
【チョウ目シャチホコガ科】

元にトゲがはえた背中の突起は、葉の食べあとになりすましてかくれるときにも役立つ。

【擬態タイプ30】目玉

同心円の組み合わせでえがかれた目玉もようは、見ていてあまり気持ちのよいものではない。昆虫の重要な天敵である鳥たちも、目玉もようをさけることが知られている。チョウやガのなかまには、はねによく目立つ目玉もよう（眼状紋）をもつものがいて、身を守るうえで役に立っていると思われる。チョウやガの幼虫（イモムシ）にも、眼状紋をもつものが多い。

ウラナミジャノメ
【チョウ目タテハチョウ科】

「ジャノメ（蛇の目）」とは、ヘビの目のこと。

クスサン
【チョウ目ヤママユガ科】

危険を感じると、前ばねをもちあげて、眼状紋を見せつける。

タテハモドキ
【チョウ目タテハチョウ科】

前ばねと後ろばねが重なった部分に、いちばん大きな眼状紋がある。

クジャクチョウ
【チョウ目タテハチョウ科】
クジャクのはねのもように似た眼状紋がある。

フタツメオオシロヒメシャク
【チョウ目シャクガ科】
うすら笑いをうかべる不気味な顔に見える。

イボタガ
【チョウ目イボタガ科】
はねのもようがまるでフクロウの顔のよう。

ウチスズメ
【チョウ目スズメガ科】
敵が近づくと、後ろばねのあざやかな眼状紋を見せておどろかせる。

113

キョウチクトウスズメの幼虫
【チョウ目スズメガ科】

深みのある青い眼状紋は、とても迫力がある。

セスジスズメの幼虫
【チョウ目スズメガ科】

背中に7対もの目玉もようがならぶ。

クワコの幼虫
【チョウ目カイコガ科】

胸をふくらませて威嚇すると、おそろしげな顔がうかぶ。

アケビコノハの幼虫
【チョウ目ヤガ科】
→ p.195

独特のポーズで眼状紋を強調している。

こっちはおしり。

サツマスズメの幼虫
【チョウ目スズメガ科】

こんなにかわいい目玉もようにも敵をひるませる効果があるのだろうか。

目を見開いたような巨大な眼状紋をもつ。

ミドリスズメの幼虫
【チョウ目スズメガ科】

トラハナムグリ
【コウチュウ目コガネムシ科】

花粉を食べているときには、上ばねの眼状紋が目立つ。

コラム❽
眼状紋にかくされたひみつ

眼状紋をもった虫を見つけるとギョッとしてしまうけど、こわがってばかりいないで、落ちついてじっくり観察してみよう。小さな目玉もようにかくされた、おどろくようなひみつに気づくことができるかもしれないよ。

オオゴマダラエダシャクの終齢幼虫
（シャクガ科）

オオゴマダラエダシャク（シャクガ科）の幼虫は、胸部の後ろ側がふくらんだかわった体型のイモムシだ。敵の気配を感じると、体をますますふくらませてヘビのようなすがたになる（→p.108）。このイモムシの眼状紋は、なぜか、いつ見ても、とてもイキイキしている。その理由が知りたくて、イモムシの写真を拡大してみた。そうすると、眼状紋の真ん中に光沢のある半球型の盛りあがりが備わっているのがわかった。この部分が、まわりの光を反射して白くかがやくことによって、ニセモノのヘビの顔に命がふきこまれていたのだ。

背中側から見たところ。眼状紋の真ん中に半球型の盛りあがりがあるのがわかる。

キイロスズメ（スズメガ科）の幼虫は、ヤマノイモの葉を食べて育つ巨大なイモムシだ。小さな2対の眼状紋をもつが、終齢になると、そのうちの1対が白にかわり、少しだけ盛りあがる。そのため、まるで、寄生バエに卵をうみつけられたように見える。また、ヒロバモクメキリガ（ヤガ科）の幼虫にも、寄生されたあとのような1対の眼状紋がある。これらの紋にどんなメリットがあるのかはよくわからないが、もしかしたら、寄生昆虫のメスは、すでに卵をうみつけられたイモムシには、進んで新しく産卵しようとしないのかもしれない。

キイロスズメの終齢幼虫
（スズメガ科）

危険を感じて体をふくらませると、眼状紋がより卵のように見える。

ヒロバモクメキリガの亜終齢幼虫
（ヤガ科）

←眼状紋
←寄生バエの卵

この個体は、胸部に寄生バエの卵をうみつけられていて、卵のまわりが黒っぽく変色している。背中の中ほどにある眼状紋は、寄生バエの卵をうみつけられた部分にも似ているし、寄生バチが産卵したあとにできる傷あとにも似ている。このイモムシは、脱皮をひかえた「眠」の状態なので、もし、寄生バエの卵がふ化する前に、卵がついたままの古い皮をぬぎすてられたら、生きのびることができる。

モデル

寄生バエに卵をうみつけられたプリヤキリバ（ヤガ科）の幼虫。

みんなもじっくり観察してみよう！

擬態ファイル 1

毒チョウになりすますベニモン一派
シロオビアゲハ

Papilio polytes

南国で見られる黒っぽいアゲハチョウ。「ベニモン型」とよばれる一部のメスだけが、毒チョウのベニモンアゲハに擬態している。

分類	チョウ目アゲハチョウ科	前ばねの長さ	36-55mm
見られる地域	南西諸島	見られる時期	(幼虫)3-12月 (成虫)2-11月

メスの成虫（ベニモン型）。メスには、オスと同じすがたのシロオビ型と、毒チョウに似たベニモン型がいる。

擬態シーン 1 成虫

植えこみに飛んできて花の蜜をすうベニモン型のメス。体が黒いことでベニモンアゲハと見わけられる。

毒のあるチョウやガ

体が黒い。

モデル
体が赤い。

モデルのベニモンアゲハ。幼虫は毒草であるリュウキュウウマノスズクサなどを食べて育ち、成虫もその毒を体内にたくわえている。体はあざやかな紅色。昔は、たまに熱帯から飛んでくるめずらしい迷蝶だったが、現在は、奄美大島以南の南西諸島に広く定着している。

ベニモンアゲハにそっくりだね！

ベニモン型のメスには、紋が赤いタイプもいる。このタイプは、沖縄本島でよく見られる。

紋が赤い。

オスの成虫。

シロオビ型のメスに結婚をもうしこんでいるオス。

ベニモン型のメスに結婚をもうしこんでいるオス。

擬態シーン2 終齢幼虫

分断色のおかげで自然のなかにまぎれやすくなっているんだ。

広葉樹の葉

終齢幼虫。45mmぐらい。幼虫はクロアゲハ（→p.121）などとよく似た色彩。若齢〜亜終齢は鳥のふんに似ているが、終齢は緑色で、体を2つに分けるように褐色の帯もようがある（分断色）。

見つけるコツ

ベニモン型のメスは、モデルであるベニモンアゲハが早い時期に定着した八重山諸島などでよく見られる。天気のよい日に、海岸ぞいの草原や自然豊かな公園など、花がたくさんさいていて多くのチョウが飛んでいる場所でさがしてみよう。

119

擬態ファイル2

目立つようで目立たないシマシマ
キアゲハ

Papilio machaon

終齢幼虫には細かな横じまがあり、遠くからだと見つけにくい。成虫の後ろばねには、にせものの顔があるように見える。

分類	チョウ目アゲハチョウ科	前ばねの長さ	36-70mm

見られる地域	北海道・本州・四国・九州・種子島・屋久島

見られる時期	(幼虫)4-11月 (成虫)3-11月

擬態シーン1 若齢幼虫

ふん

若齢幼虫は鳥のふんに似ている。8mmぐらい。

終齢幼虫は、シマウマのような横じまもよう。50mmぐらい。

草の葉

擬態シーン2 終齢幼虫

とても目立つように思えるが、植物にまぎれていると見つけにくい。

擬態シーン3 成虫

顔はどこ？

アザミの蜜をすう成虫。尾状突起が触角に、眼状紋が複眼に似ていて、はねのはしに頭があるように見える。

見つけるコツ

幼虫は、野山にはえているシシウドや、家庭菜園のパセリ、ミツバなどでよく見つかる。成虫は、明るい草原などを飛びまわっていて、ゆっくり観察するのがむずかしい。しかし、オスは広い場所にとまって占有行動をしていることがあり、静かに近づけば、すぐそばで観察できる。

擬態ファイル3

小さなころはウンチでした

クロアゲハ

Papilio protenor

小さなころの幼虫は鳥のふんに似ているが、大きく育つと緑色に変身して枝や葉にまぎれる。成虫は毒チョウに似る。

分類	チョウ目アゲハチョウ科	前ばねの長さ	45-70mm
見られる地域	本州・四国・九州・南西諸島		
見られる時期	(幼虫)4-10月 (蛹)7-翌4月 (成虫)5-11月		

Q クロアゲハはどこにいるでしょう？

ここにいるのは、幼虫、成虫、蛹のうち、どれかな？

答えは次のページ GO!

ふん

鳥のふんにそっくり!

擬態シーン1 亜終齢幼虫

ユズの葉にとまる亜終齢(4齢)幼虫。色やぬめり感が鳥のふんにそっくり。35mmぐらい。

擬態シーン2 終齢幼虫 — 広葉樹の葉

ユズの小枝を歩く終齢幼虫。55mmぐらいの大きなイモムシだが、茶色い帯もよう(分断色)があるために意外と見つけにくい。

目玉

眼状紋 →

本物の目(6個の個眼)はとても小さい。

危険を察すると、頭を下げて胸部を大きくふくらませる。眼状紋と、しわのようなもようのせいで「怒っているヘビ」に見えて恐ろしい。

胸部には大きな眼状紋があり、天敵である鳥をひるませる効果があると考えられる。眼状紋をよく見ると、小さな白い紋や、ピンク色の部分があり、まるで、ウルウルした瞳のように見える。

ヘビ

擬態(隠ぺい色や、眼状紋による威嚇)が通用しない相手には、くさいにおいのする肉角(臭角)を出して抵抗する。

A ここにいるよ!

ユズの小枝を歩く終齢幼虫。

真っ赤な角が出てきた!

擬態シーン3 蛹

ミカン類の枝につくられた蛹。色も形もまわりによくとけこんでいる。37mmぐらい。

樹木の枝

枯れ枝

枯れ枝につくられた蛹は、枯れ枝と同じ色になる。

みごとな擬態じゃ！

オスの成虫。

4齢幼虫までは、ふんに似た目立つすがたで葉の上にどうどうととまっているので見つけやすい。公園や校庭のミカン類をさがすと、アゲハ（ナミアゲハ）の幼虫にまじって見つかる。緑色の終齢幼虫は植物にまぎれて見つけにくいが、葉の食べあとや地面などに落ちたふんが手がかりになる。蛹はかなり見つけにくい。育った木から少しはなれた場所まで移動して蛹化（蛹になること）することが多いので、食樹の近くの木の幹や壁などもふくめて根気よくさがしてみよう。

擬態ファイル 4

ヘビのように鎌首をもちあげるイモムシ

ツマベニチョウ

Hebomoia glaucippe

南国で見られる国内最大のシロチョウのなかま。幼虫は、危険を感じるとヘビのようなすがたになる。成虫のはねの裏は枯れ葉にそっくり。

分類	チョウ目シロチョウ科	前ばねの長さ	40-55mm
見られる地域	九州・南西諸島		
見られる時期	(幼虫)1年じゅう (蛹)1年じゅう (成虫)3-11月		

擬態シーン1 中齢幼虫

ギョボクの葉の上にひそむ中齢幼虫。太い葉脈(主脈、中脈)に体を重ねている。15mmぐらい。

「ここにいるよ。」

葉脈

擬態シーン2 終齢幼虫

ヘビ

まるで、鎌首をもちあげたヘビのよう。60mmぐらい。

ギョボクにとまっていた終齢幼虫が、危険を察し、

胸部をふくらませながら上半身をこちらに向けた。

すごい迫力!

擬態シーン3 蛹　広葉樹の葉

ギョボクの葉の裏につくられた蛹。頭頂が葉先のようにとがり、体の横には葉脈に似た細い筋がある。

擬態シーン4 成虫

羽化したばかりのメスの成虫。はねの裏は褐色で枯れ葉に似ている。後ろばねの真ん中を走る黒い翅脈が、葉脈（主脈）のように見える。

枯れ葉

はねをひろげたメス。前ばねのはしに赤い紋があるので「ツマベニ」の名がつけられた。

吸蜜するオス。メスよりも色があざやか。成虫のはねは、表と裏で色やもようがまったくことなる。

見つけるコツ

幼虫の食樹であるギョボクは、畑のまわりや海岸林の中によくはえている。幼虫は、葉の表のつけ根近くに台座※をつくって、葉の先を向いてとまっている。まだ小さな幼虫は、葉の主脈（中脈）に体を重ねてまぎれることがある。蛹は葉の裏で見つかる。成虫は、明るい場所を活発に飛びまわり、なかなかとまらないので観察しにくい。あみで採集するか、朝に、ギョボクの葉で休む羽化したばかりの個体をさがす方法もある。羽化はたいてい夜におこなわれるが、長い時間、同じ場所にとまったままでいることが多い。

※糸をはいてつくられた幼虫の静止場所。

コラム❾
ビークマーク・コレクション

とまっているチョウをよく見ると、後ろばねの一部がやぶれているのに気づくことがある。そのようなチョウは、鳥などの天敵におそわれたけれど、はねの一部を傷つけられただけですみ、命びろいをした個体だと考えられる。この、はねについた傷あとのことを「ビークマーク※」という。　※ビークマークのビーク(beak)とは、英語で鳥のくちばしのこと。

タテハチョウ科のジャノメチョウやヒカゲチョウのなかまは、ほかのチョウとくらべて、はねにビークマークがついた個体がよく見つかる。このなかまのはねには、いかにも鳥の気をひきそうな眼状紋がいくつもならんでいる。そのため、鳥の攻撃が、チョウの急所である頭部や胴体ではなく、はねに集中し、おそわれても逃げることができる可能性が高まっていると考えられる。

オオヒカゲ
（タテハチョウ科）

ビークマーク

ヒカゲチョウ
（タテハチョウ科）

ウラジャノメ
（タテハチョウ科）

ヒメキマダラヒカゲ
（タテハチョウ科）

ヒメウラナミジャノメ
（タテハチョウ科）

たくみな攻撃対策なのね！

シジミチョウ科のなかまも、はねにビークマークがある個体がよく見つかる。このなかまには、後ろばねのはしに突起と眼状紋をもつものが多い。鳥は、その部分をチョウの頭とかんちがいして攻撃していると考えられる（→p.76「顔はどこ？」）。

ミドリシジミ
（シジミチョウ科）

トラフシジミ
（シジミチョウ科）

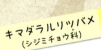
キマダラルリツバメ
（シジミチョウ科）

アカシジミ
（シジミチョウ科）

ビークマークがついていないトラフシジミ。後ろばねのはしにある頭に似た部分を目立たせるようにしてとまっている。

擬態ファイル5

目が慣れると、ネムノキでいっぱい見つかる
キタキチョウ
Eurema mandarina

低いところを飛ぶ黄色いチョウ。身近な自然でもよく見つかる。幼虫や蛹は、マメ科の植物の茎や葉にうまくまぎれている。

分類	チョウ目シロチョウ科	前ばねの長さ	18-27mm

見られる地域	本州・四国・九州・南西諸島

見られる時期	（幼虫）4-10月（蛹）5-10月（成虫）1年じゅう

Q キタキチョウはどこにいるでしょう？

幼虫と蛹がかくれているよ。それぞれ何匹見つかるかな。

答えは次のページ GO!

ネムノキを見つけたらさがしてみよう！

擬態シーン1 幼虫

ネムノキの葉の先にいた3匹の幼虫。葉にとけこんで最初は見つけにくいが、1匹見つけられると、目が慣れてどんどん見つかる。

広葉樹の葉

ネムノキの葉軸にとまる終齢幼虫。うすい緑色で、白い気門線がある。気門線の下は色が濃い。28mmぐらい。

擬態シーン2 蛹

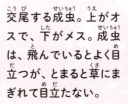

ネムノキにつくられた蛹。シンプルな形で、葉と同じ色なので、見すごしてしまう。20mmぐらい。

広葉樹の葉

交尾する成虫。上がオスで、下がメス。成虫は、飛んでいるとよく目立つが、とまると草にまぎれて目立たない。

A ここにいるよ！

ネムノキの葉の先にひそむ終齢幼虫。

葉によく似た蛹。

幼虫は、さまざまなマメ科植物についているが、とくに、ネムノキの幼木に多い。慣れないうちは見つけにくいが、葉が食べあらされ、ふんが落ちているような場所をさがすとつぎつぎに見つかる。蛹は、育った植物の葉軸や茎にくっついている。羽化が近づいた蛹は、成虫のはねの黄色がすけてくるので見つけやすくなる。

見つけるコツ

擬態ファイル 6

はねのはしっこにも顔が!?

アカシジミ

Japonica lutea

成虫の後ろばねには尾状突起と眼状紋があり、この部分がにせものの顔のように見える。幼虫は虫こぶのようなすがたをしている。

分類	チョウ目シジミチョウ科	前ばねの長さ	16-22mm
見られる地域	北海道・本州・四国・九州		
見られる時期	(幼虫)4-5月 (成虫)5-7月		

終齢幼虫。背中がこんもりともりあがった独特なすがた。17mmぐらい。

擬態シーン1 幼虫

コナラの葉の裏で休む終齢幼虫。葉の主脈にとまっていることが多く、一見、虫こぶのように見える。

広葉樹の葉

擬態シーン2 成虫

クリの花で吸蜜する成虫。後ろばねの端には、触角のように見える尾状突起と、複眼のように見える眼状紋がある。このにせものの頭を目立たせようとするかのように、後ろばねを上にかたむけている。

顔はどこ?

左右の後ろばねをゆっくりすりあわせる成虫。この行動も、天敵の注意を急所である頭部からそらせるのに役立っているのかもしれない。

4月ごろに、里山のコナラやクヌギの葉の裏をこまめにさがすと、独特なすがたの幼虫が見つかる。成虫は、5月中旬から6月にかけて、林のまわりの葉の上に静かにとまっていたり、木にさいた花で蜜をすっているのが見つかる。とくにクリの花を好むので、観察しやすい高さに花をつけているクリの木をさがそう。

見つけるコツ

後ろばねにビークマーク(→p.126)がある成虫。天敵におそわれたときに、はねの一部をかみとられたと思われる。

129

擬態ファイル 7

テング様の鼻は枯れ葉の一部分

テングチョウ

Libythea lepita

身近な自然にも多く、大発生することもある。はねをとじると枯れ葉にそっくり。頭の先がテングの鼻のようにのびている。

分類	チョウ目タテハチョウ科	前ばねの長さ	19-29mm
見られる地域	北海道・本州・四国・九州・南西諸島		
見られる時期	(幼虫)4-7月 (蛹)5-8月 (成虫)1年じゅう		

擬態シーン1 幼虫

広葉樹の葉

エノキの葉にとまる老齢幼虫。目立つところにいて、体の前半分をうかせていることが多い。20mmぐらい。

擬態シーン2 蛹

エノキにすずなりになった無数の蛹。これだけ集まると、植物の一部のように見えてかえって目立たない。蛹は16mmぐらい。

広葉樹の葉

枯れ葉にそっくり！

小枝にとまった成虫。半分にちぎれた枯れ葉がひっかかっているように見える。

こっちはほんとうの枯れ葉。

擬態シーン3 成虫

地表に積もった枯れ葉の中にとまる成虫。はねの翅脈が枯れ葉の葉脈のように見える。前方に長くのびた下唇鬚は葉柄に似ている。

はねをひろげた成虫。黒褐色地にオレンジ色の紋がある。6月ごろに見られる新成虫はとくに美しい。

枯れ葉

成虫は、林のまわりなどを軽やかに飛ぶが、すぐにとまるので観察しやすい。春先から初夏にかけては、はねがいたんだ越冬個体が多く、5月の終わりごろからは、美しい新成虫が見られる。幼虫は、4～5月によく見られ、エノキの葉の上にとまっていることが多い。蛹は、5月によく見つかる。

見つけるコツ

擬態ファイル 8

メスは毒チョウにそっくり
ツマグロヒョウモン
Argyreus hyperbius

公園や住宅地でもよく飛んでいる。オスとメスですがたがちがい、メスは毒チョウになりすまして身を守っていると思われる。

分類	チョウ目タテハチョウ科	前ばねの長さ	27-38mm
見られる地域	本州・四国・九州・南西諸島		
見られる時期	（幼虫）1年じゅう （成虫）4-11月		

擬態シーン1 幼虫

人家の庭のビオラ（スミレの栽培種）にいた老齢幼虫。見るからに毒どくしいすがただが毒はない。40mmぐらい。

幼虫の体をおおうトゲ状の突起はとても痛そうだが、さわってみるとやわらかくてささらない。

毒ケムシ

見つけるコツ

幼虫は、花壇のパンジーやビオラなど、栽培スミレでよく見つかる。道ばたにはえたスミレ類でも見られ、地面を歩いていることもある。成虫は、天気のいい日に野山や公園をよく飛びまわる。メスは、オスよりも少し大きく、はねの先が黒いので、飛んでいてもすぐに見わけられる。昔は近畿地方より西にしか分布していなかったが、現在では、中部地方や関東地方でもふつうに見られる。

擬態シーン2 成虫

メスの成虫。オレンジ色で、前ばねの先に黒と白の帯があり、毒チョウのカバマダラやスジグロカバマダラに似ている。

毒のあるチョウやガ

交尾するペア。上がオスで、下がメス。オスは、はねに帯がなく、毒チョウにはあまり似ていない。

モデル

擬態のモデルのひとつとされるスジグロカバマダラ。体内に毒があるとされ、鳥などの天敵がきらう。南西諸島の宮古島以南に分布する。

擬態ファイル 9

なわばりをもつ枯れ葉
コノハチョウ

Kallima inachus

その名のとおり、はねをとじると枯れ葉にそっくりな南国のチョウ。オスは樹上でなわばりをつくり、メスやほかのチョウを追いかけまわす。

分類	チョウ目タテハチョウ科	前ばねの長さ	42-50mm
見られる地域	南西諸島	見られる時期	(成虫)1年じゅう

はねを半開きにしてとまるオスの成虫。なわばりをもち、同じなかまや別の種のチョウが近くに飛んでくると、飛びたって追いかけ、しばらくするとまたもとの場所にもどってくる(占有行動)。

枯れ葉

擬態シーン **成虫**

占有行動をしているときにも、ときどきはねをとじてとまる。はねの裏側は、おどろくほど枯れ葉にそっくり。中央に葉脈(主脈)に似た帯があるが、この帯をよく見ると、白色と茶褐色の2色になっていて、トリックアートのように立体的に見える。

表と裏のギャップがすてき！

はねの表は深い青色で、前ばねにオレンジ色と黒の紋がある。

見つけるコツ

成虫は3月ごろから晩秋まで活動しているが、7月ごろに数がもっともふえる。オスは、林縁や渓流ぞいの樹木の枝先などで占有行動をしていることがあり、とまっているすがたと飛んでいるすがたの両方を観察できる。遠くにいる場合も多いので、双眼鏡があると便利。ミカン類やアカメガシワなどの樹液にも集まり、地表で吸水することもある。

擬態ファイル 10

カエデの枯れ葉がマイホーム
ミスジチョウ
Neptis philyra

幼虫の色やもようは、カエデの枯れ葉によく似る。幼虫は、秋から翌年の春まで、枝に散りのこった枯れ葉をかくれがにしてすごす。

分類	チョウ目タテハチョウ科
前ばねの長さ	30-38mm
見られる地域	北海道・本州・四国・九州
見られる時期	（幼虫）7-翌4月（成虫）6-7月

Q ミスジチョウはどこにいるでしょう？

幼虫が1匹かくれているよ。意外とむずかしいぞ。

答えは次のページ GO!

くねった枯れ葉をみごとに再現！

枯れ葉

擬態シーン 幼虫

秋に見つかった3齢幼虫。食べのこした葉脈にくっついて身をかくしている。8mmぐらい。

春になり、カエデの新葉を食べて大きく育った終齢幼虫。27mmぐらい。冬のあいだ、かくれがにしていた枯れ葉は、蛹になるまでずっと使いつづけることが多い。

A ここにいるよ！

成虫は渓流ぞいなどで見られるが、人の気配にびんかんでなかなか近づけない。

幼虫は、3～4齢で越冬する（写真は4齢）。寒いあいだは、枝に残ったカエデの枯れ葉の中でじっとしている。15mmぐらい。

越冬場所に決めた葉は、口からはいた糸でしっかりと枝に固定するので、めったなことでは落ちない。

見つけるコツ

幼虫は、冬に、低山地～山地にはえたカエデの木をさがすと見つかる。葉がすっかり落ちた枝に、ぽつんと落ちずに残っている枯れ葉があったら、幼虫がひそんでいる可能性が高い。とてもじょうずにかくれているので、まちがって指でつまんでしまわないよう注意しよう。もし、幼虫が発見できたら、幼虫がとまっている落ち葉の葉柄が、糸で枝に固定されているようすも観察しよう。

擬態ファイル 11

葉のカーテンをつくるかくれんぼイモムシ
スミナガシ
Dichorragia nesimachus

幼虫は、アワブキの食べのこした葉脈に、葉の切れはしをぶら下げて、その中にひそむ。蛹は、虫食いあとのある枯れ葉にそっくり。

分類	チョウ目タテハチョウ科	前ばねの長さ	31-44mm
見られる地域	本州・四国・九州・南西諸島		
見られる時期	（幼虫）6-10月（蛹）7月、10-翌5月（成虫）5-8月		

Q スミナガシはどこにいるでしょう？

幼虫をさがそう。1匹だけじゃないよ。

答えは次のページ GO!

135

擬態シーン1　1齢幼虫　葉脈

食べのこした葉脈（主脈）にはりついて身をかくす1齢幼虫。5mmぐらい。

擬態シーン2　亜終齢幼虫　食べあとのある葉

葉の切れはしをカーテンのようにぶら下げて、その一部になりきる亜終齢幼虫。20mmぐらい。

いろんな擬態が見られるね。

擬態シーン3　終齢幼虫　広葉樹の葉

終齢幼虫の頭部には、とても長い角（突起）がある。

アワブキの葉の上に静止する終齢幼虫。55mmぐらい。体のもようはトリックアートになっていて、くるりと巻いた葉のように見える。

A　ここにいるよ！

食べのこしたアワブキの葉脈にひそむ若齢幼虫。

老熟幼虫になると、体が茶色にかわる。この色なら、蛹になる場所をさがして枝を歩きまわってもあまり目立たない。

擬態シーン **4** 蛹

枝先につくられた蛹。背中の2つの突起が円形のあなをつくり、虫食いあとのある枯れ葉のように見える。

枯れ葉

みごとなできばえ！

危険を察して飛びたち、コナラの葉の裏にぴったりはりついた成虫。左右の触角をそろえて、前にのばしている。

成虫のはねは青緑色で、口吻が赤いのが特徴。

わあ！きれいなはね。

見つけるコツ

幼虫の食樹であるアワブキやミヤマハハソは、あまり多くははえていないので、まずは食樹を見つけるのが出発点。1〜4齢（亜終齢）幼虫は、葉の先に食べのこされた葉脈があれば、そこにひそんでいるので見つけやすい。終齢幼虫は、葉の上にどうどうととまっているが、まわりにうまくとけこんでいる。蛹はとても見つけにくい。夏に見られる蛹は食樹の枝につくられていることが多いが、冬に見られるものは、食樹をはなれた近くの低木などにつくられている。

擬態ファイル 12

はねを開いて地面にべったり
イシガケチョウ

Cyrestis thyodamas

小さな幼虫は食べのこした葉脈にひそみ、大きく育った幼虫は葉の上でどうどうと身をかくす。成虫は、はねを水平に開いてとまる。

分類	チョウ目タテハチョウ科
前ばねの長さ	26-36mm
見られる地域	本州・四国・九州・南西諸島
見られる時期	(幼虫)4-10月 (成虫)1年じゅう

擬態シーン1 若齢幼虫

葉脈

イヌビワの葉の先にひそむ2齢幼虫。7mmぐらい。食べのこした葉脈に、糸でつづったふんをつなぎ足している。

擬態シーン2 終齢幼虫

広葉樹の葉

イヌビワの葉にとまる終齢幼虫。45mmぐらい。黒い縦帯や突起にまどわされて、幼虫のすがたがわかりにくい。

擬態シーン3 成虫

地面や石

じゃり道にとまって水をすうオスの成虫。複雑なもようのあるはねを水平に開いてとまるため、地面の一部のようになってわかりにくい。

地表にとまるオスを横から見たところ。はねと地面のあいだにすきまがほとんどないため、かげができず、チョウがとまっていると気づきにくい。

花で蜜をすうときもはねを水平にひろげる。

見つけるコツ

おもに近畿地方より西側で見られるが、少しずつ分布を東にひろげている。幼虫は、渓流ぞいや林のまわりにはえたイヌビワで見つかる。葉脈(主脈)が残された食べあとには若齢幼虫がひそんでいる。終齢幼虫は葉の上にどうどうととまっているが、周囲にまぎれて見つけにくい。オスの成虫は、天気のよい日にしめった地表でよく吸水するが、はねを水平に開いているので、飛びたつまで気づきにくい。

擬態ファイル 13

枯れ葉によく似た日かげ者

クロコノマチョウ

Melanitis phedima

枯れ葉に似たはねをもつ大きなチョウ。うす暗い林の中をバサバサと飛ぶ。幼虫は、ススキの葉にひそんでいる。

分類	チョウ目タテハチョウ科
前ばねの長さ	32-45mm
見られる地域	本州・四国・九州・南西諸島
見られる時期	（幼虫）5-10月（成虫）1年じゅう

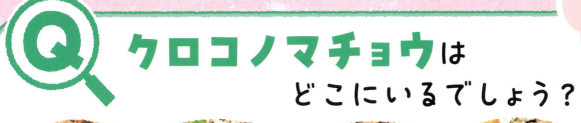

Q クロコノマチョウはどこにいるでしょう？

成虫が1匹かくれているよ。

答えは次のページ GO!

擬態シーン1 幼虫

ススキの葉にとまる終齢幼虫。スマートな体型で、ススキによくなじんでいる。50mmぐらい。

草の葉

擬態シーン2 成虫

枯れ葉

オスの成虫。大きなチョウだが、枯れ葉の中では見つけにくい。飛んでいるときはよく目立つが、地表にとまったとたんにどこにいるかわからなくなる。

メスの成虫。オスにくらべてはねの色に少し赤みがある。

前ばねの表側には不完全な眼状紋がある。

死んだふりをするオスの成虫。

死んだふり

A ここにいるよ！

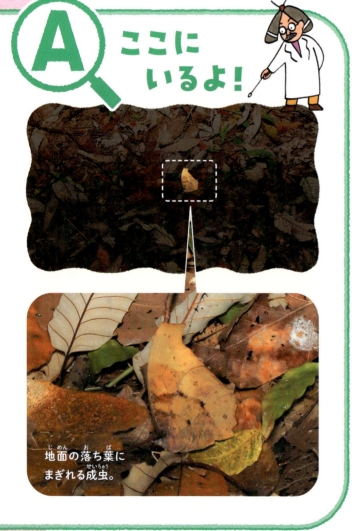

地面の落ち葉にまぎれる成虫。

幼虫は、林のそばにはえたススキの葉の裏でよく見つかる。小さなうちは集団になっていて見つけやすいが、成長するにつれてはなればなれになる。成虫は、うす暗い林の低いところをバサバサと飛ぶ。人の気配に敏感ですぐに飛び立つが、あまり遠くまでは逃げないので、とまったところをおぼえておいてそっと近づいてみよう。

見つけるコツ

擬態ファイル 14

ガなのに、スズメバチにそっくり！
コシアカスカシバ

Scasiba scribai

スズメバチにそっくりなすがたをしたガ。透明のはねをもち、腹部はオレンジと黒のしまもよう。飛んでいるすがたもそっくり。

分類	チョウ目スカシバガ科	前ばねの長さ	16-18mm
見られる地域	本州・九州	見られる時期	(成虫)8-9月

擬態シーン **成虫**

スズメバチ・アシナガバチ

コナラの幹にとまるメス。スズメバチやアシナガバチのなかまに似ているが、とくに、キイロスズメバチには、細かいところまでそっくり。

キイロスズメバチのはたらきバチ。気性があらく、あまり近よりたくない存在。体長20mmぐらいで、コシアカスカシバとほぼ同じ大きさ。

モデル

さわらないで！

ハチにしか見えない……。

飛ぶすがたも、キイロスズメバチによく似ているので、近くに飛んでくると逃げだしたくなってしまう。

木の幹に産卵するメス。卵をうんでいるときには、ハチらしさがあまりなくなり、ガのなかまだと納得できる。

見つけるコツ

成虫は8月下旬から9月中旬にかけて発生するが、見かける機会はあまり多くない。9月上旬以降に、シラカシの大木が多い神社や、クヌギやコナラの大木が多い雑木林などをさがすと、幹に産卵にきているメスを発見できることがある。

擬態ファイル 15

ガなのに、ドロバチにそっくり！
ヒメアトスカシバ

Nokona pernix

黒っぽくて、腹部に黄色い筋がある。触角やあしが太く、ドロバチのなかまによく似ている。幼虫はヘクソカズラにできた虫こぶで育つ。

分類	チョウ目スカシバガ科	前ばねの長さ	11-15mm
見られる地域	本州・四国・九州	見られる時期	(成虫)5-7月、9月

モデル

さわらないで！

オオフタオビドロバチ。18mmぐらい。

擬態シーン 成虫

ドロバチ

正面から見たメス。顔つきを見ると、まぎれもなくガのなかま。

メスの成虫。ヘクソカズラ（幼虫の食草）がたくさんはえている場所の近くで、葉の上にとまっていることがある。

交尾するペア。左がメスで、右がオス。オスは腹部が細く、お腹の先に毛束があり、メスほどハチに似ていない。

危険そうに見えるけど、もちろん針はないよ。

ヘクソカズラのつるにつくられた虫こぶ。この中に幼虫や蛹がひそんでいる。20mmぐらい。

成虫は6月中旬～7月上旬の午前中によく見つかる。幼虫はヘクソカズラのつるにできた虫こぶの中で育つので、虫こぶがたくさんついているヘクソカズラのまわりをさがすと、成虫が見つかることがある。ヘクソカズラは、空き地や学校のフェンスなどによくからまっている。

見つけるコツ

擬態ファイル 16

その名のとおりのザ・枯れ葉！
カレハガ
Gastropacha orientalis

成虫は、とまったすがたが枯れ葉にそっくり。幼虫は、樹皮や枝に似た色で、体のまわりに毛がはえていて見つけにくい。

分類	チョウ目カレハガ科	前ばねの長さ	24-40mm

見られる地域	北海道・本州・四国・九州・屋久島

見られる時期	（幼虫）7-8月、10-翌5月（成虫）6-9月

擬態シーン1 成虫

枯れ葉

成虫は、枯れ葉にあしがはえたようなすがた。後ろばねを、前ばねの下からのぞかせてとまり、立体感がある。下唇鬚は前方にのびていて、葉柄のように見える。

枯れ葉の中にとまっていると、とても見つけにくい。

擬態シーン2 幼虫

木の幹にとまる中齢幼虫。体のまわりに毛がはえているため、樹皮と幼虫の体の境目がわかりにくい。30mmぐらい。

樹木の幹

危険を感じ、胸部にある黒い毛束を見せて威嚇する終齢幼虫。この毛束には、毒針毛がある。

サクラの枝をはう終齢幼虫。枝よりもかなり太く育っているが、意外と目立たない。80mmぐらい。

さわらないで！

見つけるコツ

成虫は、夜に明かりに飛んできた個体が、朝になっても、明かりの近くの壁や地面にとどまっているのがたまに見つかる。日中、樹木の幹や枝にじっととまっていることもあるが、見かける機会は少ない。幼虫は、サクラやウメの幹に静止していたり、枝先をはっているのが見つかる。背中に毒針毛をもつのでさわらないように注意しよう。

擬態ファイル 17

体を反らせて枯れ葉に変身！

オオクワゴモドキ

Oberthueria falcigera

幼虫は、尾角がとても長く、胸部が横にふくれた奇妙なすがた。小枝にとまって体を反りかえらせると、カエデの枯れ葉によく似ている。

分類	チョウ目カイコガ科	前ばねの長さ	18-20mm
見られる地域	北海道・本州・四国・九州
見られる時期	(幼虫)6-10月　(成虫)5-9月

擬態シーン1 幼虫

終齢幼虫。ムチのような長い尾角をもち、胸部の両側が大きくふくれている。40mmぐらい。

長い — 尾角

カエデの枝で、体を大きく反らせてとまる終齢幼虫。このポーズをしているとカエデの枯れ葉にそっくり。

カエデの葉をかじる終齢幼虫。食べているときも、葉のあいだに引っかかった枯れ葉のように見えて目立たない。

枯れ葉

成虫も幼虫も枯れ葉そっくり！

成虫のはねのふちはギザギザで、いたんだ枯れ葉に似ている。

擬態シーン2 成虫

見つけるコツ
幼虫は、山地のカエデ類で見つかる。尾角が長い特徴的なすがただが、実際のイモムシは写真で見る以上にカエデの枯れ葉にそっくりなので、見のがさないようにしよう。成虫は、夜、明かりによく飛んでくる。

擬態ファイル 18

はねにヘビの顔をもつ巨大なが
ヨナグニサン

Attacus atlas

与那国島にちなんで名づけられた国内最大のガ。前ばねのはしには、ヘビが鎌首をもたげたような不気味なもようがある。

| 分類 | チョウ目ヤママユガ科 | 前ばねの長さ | 100-110mm |
| 見られる地域 | 南西諸島 | 見られる時期 | （成虫）3-11月 |

ヘビ

メスの成虫。はねをひろげると200mmぐらいもある。頭上の木にとまっていると、前ばねのはしにあるヘビに似たもようににらまれているようでちょっとこわい。

擬態シーン **成虫**

はねの裏側にも、ヘビの顔がうかんでいる。

落ち葉のつもった地表にとまるオスの成虫。巨大だが、このような場所にいるとあまり目立たない。

見つけるコツ

南西諸島の与那国島、西表島、石垣島に生息しているが、与那国島には多くの個体がいて、観察できるチャンスが多い。1化目の成虫は、4月上旬前後に多く見られ、幼虫の食樹であるアカギがたくさんはえた場所の周辺で見つかる。日中は、林のそばの木にぶらさがっていて、夜は、明かりに飛んでくる。沖縄県の天然記念物に指定されているので、採集などはせず、静かに観察するだけにしよう。

アカギの葉の裏にうみつけられた卵。3mm近くもあり、3個ほどがならんでいることが多く、一見、虫こぶのように見える。

擬態ファイル 19

秋に明かりに飛んでくる枯れ葉
ヒメヤママユ

Saturnia jonasii

成虫は枯れ葉に似た色合いで、秋の後半に明かりによく飛んでくる。刺激をあたえると、はねをひろげて4つの眼状紋を見せつける。

分類	チョウ目ヤママユガ科	前ばねの長さ	36-50mm
見られる地域	北海道・本州・四国・九州・屋久島		
見られる時期	(幼虫)5-7月 (成虫)9-11月		

擬態シーン1 若齢幼虫

ネジキの葉にとまる若齢幼虫。黒と赤のとりあわせがホタルの体色に似ている。10mmぐらい。

擬態シーン2 終齢幼虫

クリの小枝にとまる終齢幼虫。60mmぐらい。短い毛におおわれていて、体の下半分が濃い緑色。大きなイモムシだが、葉にまぎれて見つけにくい。広葉樹の葉

擬態シーン3 成虫

電灯が設置された電柱にとまる2匹のオス。ひっかかった枯れ葉のように見える。夜のうちに、明かりにひかれて飛んできたと思われる。

オスの成虫。枯れ葉に似た色合いで、4枚のはねに1個ずつ眼状紋がある。後ろばねの紋はふつうはかくれているが、危険を察するとはねをひろげて威嚇し、4つの紋がすべて見えるようになる。

目玉

はねをひろげたメスの成虫。オスよりも黄色みが強い。

枯れ葉

見つけるコツ
成虫は、秋の後半になると、夜、雑木林の近くの明かりによく飛んでくる。朝に、電柱や壁にとどまっている個体もよく見られる。息をふきかけると、はねをひろげて威嚇するのでためしてみよう。幼虫は、初夏のころに、林のそばのサクラやクヌギなどの樹上で見つかる。若齢幼虫は、小さいが、目立つ色をしているので見つけやすい。

擬態ファイル 20

マツにまぎれる奇抜なファッション
クロスズメ

Sphinx caliginea

幼虫は、あざやかな白いたてじまがあり、マツにひそんでいると見つけにくい。成虫のはねは、マツの樹皮に似ている。

分類	チョウ目スズメガ科
前ばねの長さ	31-40mm
見られる地域	北海道・本州・四国・九州
見られる時期	(幼虫)6-10月 (成虫)4-6月、8-9月

Q クロスズメはどこにいるでしょう？

幼虫はどこにいるかな？

答えは次のページ GO!

擬態シーン1 幼虫

マツの枝を歩く終齢幼虫。緑色と茶色にぬり分けられていて、はっきりした白いたてじまがある。65mmぐらい。

針葉樹の葉

マツの葉を食べる終齢幼虫。目立つすがただが、マツの葉がしげった中にいると、意外と見つけにくい。

中齢〜亜終齢幼虫は、全体が緑色で、白のたてじまがあり、マツの葉によくまぎれる。28mmぐらい。

あしや尾角は赤褐色で、マツの葉のはえぎわの色に似ている。

擬態シーン2 成虫

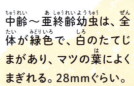

樹木の幹

成虫のはねは、色やもようがマツの樹皮に似ている。

A ここにいるよ！

マツの葉にまぎれる終齢幼虫。

見つけるコツ

幼虫は、雑木林のまわりにはえたマツでよく見つかる。目立つもようをしているが、マツの枝や葉にとまっていると、うまくまぎれて見つけにくい。細いマツの葉を、器用にあしでもって食べている場面に出会えたら、刺激しないように気をつけて観察してみよう。成虫は、昼間にマツの幹にとまっているのが見つかる。

擬態ファイル 21

かわいてちぢれた枯れ葉かと思ったら……

ホシヒメホウジャク

Neogurelca himachala

成虫は、はねにだまし絵のようなもようがあり、かわいてちぢれた枯れ葉のように見える。日中に活発に飛びまわり、花の蜜をすう。

分類	チョウ目スズメガ科	前ばねの長さ	16-20mm
見られる地域	北海道・本州・四国・九州・種子島・屋久島		
見られる時期	（幼虫）6-10月（成虫）1年じゅう		

擬態シーン1 終齢幼虫

ヘクソカズラのつるにとまる終齢幼虫。50mmぐらい。緑色とこげ茶色の組み合わせで、まるで、枯れかけた葉のように見える。

褐色型の終齢幼虫。背景にまぎれて見つけにくい。

枯れかけた葉

ホバリングしながらコウヤボウキの花の蜜をすう成虫。黄色い後ろばねを見せながら、目まぐるしく飛びまわる。

擬態シーン2 成虫

枯れ葉

成虫のはねは、かわいた枯れ葉にそっくり。まるで、はねがちぎれているようだが、それは目の錯覚で、トリックアートでえがかれたようなもようがあるために、そう見えているにすぎない。

成虫は、日中に、花の蜜を求めて飛びまわっているのをよく見かける。とまっているところを見つけるには、幼虫の食草であるヘクソカズラがよくからまったフェンスの近くをさがすのがいい。かわいた枯れ葉にそっくりなすがたなので、だまされないようにしよう。幼虫も、フェンスにからまるヘクソカズラでよく見つかる。

見つけるコツ

交尾するペア。左がメスで、右がオス。2匹がくっついているとガの形がわかりにくくなり、1匹でいるときよりも見つけにくい。

擬態ファイル 22

もようもポーズも毒ヘビそのもの
ビロードスズメ

Rhagastis mongoliana

幼虫の体にはウロコ状の斑紋があり、爬虫類に似ている。危険を察すると体をふくらませ、ヘビのようなすがたになって威嚇する。

分類	チョウ目スズメガ科	前ばねの長さ	24-30mm
見られる地域	本州・四国・九州・屋久島
見られる時期	(幼虫)6-10月 (成虫)5-9月

擬態シーン1 亜終齢幼虫

亜終齢幼虫。ウロコもようはまだうかんでいないが、終齢よりも目立つ眼状紋をもつ。45mmぐらい。

目玉

ヘビ

刺激を受けると、胸のあたりをふくらませ、体を後ろにねじ曲げて威嚇する。毒ヘビになりすます演技力がすごい。

擬態シーン2 終齢幼虫

終齢幼虫は、体じゅうにウロコ状の斑紋があり、爬虫類に似たすがた。胸部には眼状紋がある。70mmぐらい。

モデル

さわらないで！
本物の毒ヘビ、ニホンマムシ。

幼虫は、ツタ、ブドウ、オオマツヨイグサ、サトイモ、テンナンショウ、ホウセンカなど、さまざまな植物につくが、見かける機会は少なく、ねらってさがすのはむずかしい。人家の庭や公園の花壇などでも発生することがあるので「もしかしたら出会えるかも…」と、いつも、このイモムシのことを気にかけておこう。

見つけるコツ

庭木にとまる成虫。はねの質感が、ビロード（ベルベット）という織物に似ていることからこの名がついた。

擬態ファイル 23

自分の食べあとに化けるイモムシ
ヤマトカギバ
Nordstromia japonica

幼虫は、葉の上で体をおり曲げ、しずくのような形になって静止している。そのすがたは、若齢のときに葉に残した食べあとに似ている。

分類	チョウ目カギバガ科
前ばねの長さ	15 - 18mm
見られる地域	本州・四国・九州
見られる時期	(幼虫)5 - 6月、9 - 10月 (成虫)4 - 5、7 - 9月

Q ヤマトカギバはどこにいるでしょう？

幼虫をさがそう。ヒントは「食べあと」だよ。

答えは次のページ GO!

擬態シーン 幼虫

コナラの葉のはしにひそむ幼虫。左どなりの葉の枯れた部分は、この幼虫が若齢のときにつけた食べあとだと思われる。

食べあとのある葉

食べあともイモムシに見えてきた。

体をのばした幼虫。平たくて、食べあとに化けやすい体型をしている。

A ここにいるよ！

クヌギの葉の上にとまる終齢幼虫。平たい体を2つにおり曲げたすがたは、自分が若齢のときに葉につけた食べあとにそっくり（若齢のうちは葉の表皮をかじりとって食べる）。体をのばしたときの長さは17mmぐらい。

成虫のはねには、はっきりとした2本の線がある。

幼虫は、林のまわりにはえたクヌギ、コナラ、クリなどをさがすと見つかる。葉の表にとまっているので、低い木のほうがさがしやすい。高い枝を引きよせて、表側をたしかめてみるのもよい。天気のよい日には、幼虫のかげが、頭上の葉の裏側にすけて見えることがある。

見つけるコツ

擬態ファイル 24

色も形もウンチそのもの

ギンモンカギバ

Callidrepana patrana

幼虫は、ふん擬態のお手本のような存在で、色も形も獣のふんにそっくり。しかも、ふんらしく見えるよう、体を絶妙にくねらせている。

分類	チョウ目カギバガ科	前ばねの長さ	15-20mm
見られる地域	北海道・本州・四国・九州		
見られる時期	（幼虫）5-10月 （成虫）4-10月		

幼虫の体には細かな白い筋もようがあり、ふんの質感がうまく表現されている。尾角は複雑な形をしている。

ふんにそっくりなイモムシが、ふんをしているところ。体にある赤褐色のこぶが、まるで、ふんにまざっている未消化物のように見える。

ふん

擬態シーン1 幼虫

ハゼノキの葉にとまる終齢幼虫。色といい、質感といい、くねり具合といい、獣のふんにそっくり。20mmぐらい。

ふんだったら食べられたりさわられたりしないもんね。

幼虫は、渓流ぞいなど、しめった場所にはえているヌルデでよく見つかり、ハゼノキやウルシにいることもある。葉の上にとまっていて目につきやすいが、思った以上に獣のふんにそっくりなのでだまされないようにしよう。ウルシやハゼノキはかぶれやすいので葉にさわらないようにしよう。成虫も、しめった場所の下草の上などにとまっているのが見つかる。

見つけるコツ

擬態シーン2 成虫

遠くからだと落ち葉のように見える。

シダの葉にとまる成虫。はねの両端を茶色の線が結び、線にそって銀粉をふったようなかがやきがある。

枯れ葉

擬態ファイル 25

枯れ葉にまぎれたり、毒ケムシに化けたり
ウスギヌカギバ
Macrocilix mysticata

幼虫は、葉の枯れた部分にかくれていることもあれば、毒ケムシのふりをすることもある。成虫のはねには汁がたれたような紋がある。

分類	チョウ目カギバガ科	前ばねの長さ	18-22mm
見られる地域	本州・四国・九州・南西諸島		
見られる時期	(幼虫)1年じゅう (成虫)4-10月		

アラカシの葉の枯れた部分にとまる終齢幼虫。35mmぐらい。食事をするときには、緑色の葉に移動し、食事が終わると同じ場所にもどってくる。葉があみ目状に枯れた部分は、この幼虫が小さいときに残した食べあとだと思われる。

枯れかけた葉 — 擬態シーン **幼虫**

防御のポーズをする終齢。背中にこぶがあり、毒毛をもつカレハガ科の幼虫に似ている。体にはまばらに毛がはえていて、このなかまの特徴である尾角も、毛のような形に変化している。

毒ケムシ

クリの葉にとまる亜終齢幼虫。15mmぐらい。目立つ色合いで、体全体に長い毛がはえている。毒はないけれど、なんとなく危険を感じてしまう。

成虫のはねには、まるで汁がたれたような帯がある。

モデル

近いなかまであるモンウスギヌカギバの成虫。はねに複雑なもようがあり、前ばねの紋はハエに、後ろばねの紋は鳥のふんに似ている。もしかしたら「ふんに集まったハエ」に擬態しているのかもしれない。

見つけるコツ

越冬中の幼虫は、アラカシの葉の枯れた部分にひそんでいる。食べあとのある葉の近くに、部分的に枯れた葉があったら、幼虫がかくれていないかさがしてみよう。夏の幼虫は、クリやコナラの葉の上に「毒ありますけど何か？」と言わんばかりにどうどうととまっている。でも、毒はない。

擬態ファイル 26

幼虫は鳥のふん、成虫は枯れ葉

スカシカギバ

Macrauzata maxima

幼虫は、葉の上で体を曲げて静止しており、鳥のふんにそっくり。成虫のはねには半透明の紋があり、古びた枯れ葉のよう。

分類	チョウ目カギバガ科
前ばねの長さ	22-32mm
見られる地域	本州・四国・九州・南西諸島
見られる時期	（幼虫）1年じゅう（成虫）5-11月

成虫をさがそう。これは、かんたん、かな？

Q スカシカギバはどこにいるでしょう？

答えは次のページ GO!

擬態シーン1 幼虫

アラカシの葉で冬をこす若齢幼虫。8mmぐらい。

ふん

クヌギの葉の上で、体を2つに曲げて静止している中齢幼虫。20mmぐらい。葉にこびりついた鳥のふんにしか見えない。

アラカシの葉にとまる終齢幼虫。35mmぐらい。休んでいるときは、必ず体をU字型にした鳥ふんポーズだが……

移動時や食事のときには、体をのばして、ふつうのイモムシのすがたになる。

A ここにいるよ！

擬態シーン2 成虫

成虫はうすいベージュ色で、はねに大きな半透明の紋があり、古びた枯れ葉のようなすがた。後ろばねを少しもちあげ、腹部をななめに曲げてとまる。

枯れかけた葉

幼虫は、冬や春にはおもにアラカシで見つかり、夏や秋には、クヌギやクリなどでも見つかる。鳥ふんカラーで葉の表にとまっているのでよく目につく。最初は「あれは本物のウンコだろう」と思っても、よく見たらイモムシだったということもあるので早合点は禁物。成虫は、日中、樹上の葉の裏側にとまっているが、かわいた枯れ葉のように見えて気づきにくい。

見つけるコツ

擬態ファイル 27

はねにキノコがはえている!?
モントガリバ

Thyatira batis

小さな幼虫は鳥のふんに似ているが、大きく育つと茶色になり、体を曲げて枯れ葉に化ける。成虫のはねにはキノコに似た紋がある。

分類	チョウ目カギバガ科	前ばねの長さ	15-18mm
見られる地域	北海道・本州・四国・九州・南西諸島		
見られる時期	(幼虫)6-10月 (成虫)5-10月		

擬態シーン1 中齢幼虫

キイチゴ類の葉で静止する中齢幼虫。背中が白く、鳥のふんに似ている。20mmぐらい。

ふん

擬態シーン2 終齢幼虫

終齢幼虫は、体を曲げて葉の上にいると枯れ葉に似ている。35mmぐらい。

枯れ葉

体をのばした終齢。背中に三角形のこぶがならんでいる。

擬態シーン3 成虫

成虫のはねには、ピンクがかった紋があり美しい。

地衣類や菌類

成虫は、木の幹にとまると、はねの紋がカワラタケの幼菌※のように見えて見つけにくい。

※発生してまだ間もない小さなキノコのこと。

見つけるコツ

幼虫は、林縁や植物がよくしげった草原などで、キイチゴ類の葉の上にいるのが見つかる。同じ場所でさまざまな齢の幼虫が見つかることもあるので、1匹発見したら、その近くに大きさのちがう別の個体がいないかさがしてみよう。成虫は、夜、明かりによく飛んでくるが、日中に見かけることは少ない。

擬態ファイル 28

毒チョウのそっくりさん

アゲハモドキ

Epicopeia hainesii

毒チョウのジャコウアゲハによく似たガ。体やはねに赤い紋があって毒どくしいが、毒はない。幼虫はロウ状の物質におおわれている。

分類	チョウ目アゲハモドキガ科	前ばねの長さ	31-39mm
見られる地域	北海道・本州・四国・九州
見られる時期	(幼虫)7-10月 (成虫)5-9月

モデル　ジャコウアゲハ（八重山亜種）のメス。

腹側から見ると、赤い体が目立つ。

擬態シーン **成虫**　毒のあるチョウやガ

オスの成虫。夕方になると活発に飛びまわり、明かりに飛んでくることもある。オス・メスともに、擬態のモデルであるジャコウアゲハよりもひとまわり小さい。

メスの成虫。昼間に活動する。

クマノミズキの葉に群れる中齢幼虫。ロウ状の物質におおわれていて、とてもイモムシには見えない。10mmぐらい。

羽化したばかりのメス。あしや腹部に赤い毛がはえていて、見るからに毒どくしいが、毒はない。

成虫は、ミズキ類（幼虫の食樹）が多い雑木林の下草にひっそりとまっているのが見つかる。ゆるやかに飛び、ウツギなどの白い花で蜜をすうこともある。オスは、夜の早い時間帯に、明かりによく飛来する。幼虫は、白いロウ状の物質におおわれているので目につきやすい。

見つけるコツ

擬態ファイル 29

葉にくっついている植物のかけら？

マルバネフタオ

Monobolodes prunaria

成虫は、前ばねをおりたたんでとまり、植物のかけらのように見える。幼虫は、細かな紋におおわれ、頭の位置がわかりにくい。

分類	チョウ目ツバメガ科	前ばねの長さ	7.5-10mm

見られる地域	本州・四国・九州・南西諸島

見られる時期	(幼虫)1年じゅう (成虫)5-11月

擬態シーン1 幼虫

顔はどこ？

クチナシの葉の裏にいた終齢幼虫。10mmぐらい。体全体に細かな黒い紋があり、どっちが頭でどっちがおしりなのかわかりにくい。

擬態シーン2 成虫

おもしろいはねの形！

枯れ葉

成虫は、前ばねを細くおりたたんでとまり、木の皮や枯れた植物のかけらのように見える。

羽化したばかりの成虫。はねは、まだふつうのガと同じような形をしている。

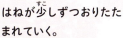

はねが少しずつおりたたまれていく。

見つけるコツ

東海地方より西で見られ、幼虫はクチナシの葉の裏で見つかる。1匹発見できると、その近くで次つぎに見つかることが多い。小さなイモムシであるうえに、すぐに糸でぶら下がったり落下したりするので、葉をめくるときは慎重に。成虫は、夜、明かりによく飛んでくる。

擬態ファイル30

小枝の一部になりきるイモムシ
ヒロバウスアオエダシャク
Paradarisa chloauges

幼虫は小枝にぴったりくっついてかくれている。成虫のはねには細かく複雑なもようがあり、樹皮にとまると見つけにくい。

分類	チョウ目シャクガ科	前ばねの長さ	20-24mm
見られる地域	本州・四国・九州		
見られる時期	(幼虫)8-翌5月 (成虫)5-11月		

擬態シーン1 幼虫

自分の体とぴったりサイズのコナラの小枝にとまる終齢幼虫。50mmぐらい。

イモムシに気づかずに(?)歩くクヌギカメムシのなかまの幼虫

樹木の枝

頭部には白っぽい紋がある。遠くから見ると、頭の部分は、枯れた枝がおれたあとのように見える。

ここにいるよ。

ヒサカキの枝で静止する終齢。いろいろな樹木で育つが、どんな小枝にもうまくまぎれている。

見つけるコツ

幼虫は、アラカシ、コナラ、ヒサカキなどの小枝にくっついている。小枝にうまくまぎれているが、白っぽい頭部が見つける手がかりになる。成虫は、林のそばの手すりや壁にとまっていることがある。せっかくなら樹皮にとまっているところを見つけたいが、うまくかくれているのでかんたんには見つからない。

擬態シーン2 成虫

朽ち木の樹皮にとまる成虫。幼虫に負けずおとらず、かくれんぼがじょうず。

樹木の幹

成虫のはねには赤みを帯びた部分があり、樹皮にまぎれやすくなっている。

擬態ファイル 31

枝に化けながらゆっくり育つ
トビモンオオエダシャク
Biston robustum

幼虫は、頭に1対の突起があり、体をまっすぐにのばして枝に化けている。成虫は春にだけあらわれ、樹皮に似たはねをもつ。

分類	チョウ目シャクガ科
前ばねの長さ	25-40mm
見られる地域	北海道・本州・四国・九州・南西諸島
見られる時期	(幼虫)4-9月 (成虫)2-5月

幼虫が1匹、うまくかくれているよ。

Q トビモンオオエダシャクはどこにいるでしょう？

答えは次のページ GO!

擬態シーン1 幼虫

サクラにいた3齢幼虫。頭部に、芽のように見える短い突起がある。18mmぐらい。

樹木の枝

4齢になると、頭部の突起が長くなる。体の太さと枝の太さのバランスがとれてきて、擬態効果もばっちり。45mmぐらい。

擬態シーン2 成虫

樹木の幹

木の幹にとまるオスの成虫。はねに美しいまだらもようがあるが、樹皮にとまるとうまくまぎれて目立たない。

A ここにいるよ！

ひそんでいたのはよく育った終齢幼虫。90mmをこえている。

幼虫は、クヌギ、サクラ、カエデなど、いろいろな樹木につくため、ねらってさがすのはむずかしい。春から夏の終わりにかけて、長い期間をかけてゆっくり育つので、いつも気にしていると、たまに小枝に化けているのが発見できる。成虫は、春にだけあらわれ、林縁の太い幹などにとまっている。

見つけるコツ

擬態ファイル 32

すごい演技力でクワの枝になりきる

クワエダシャク

Phthonandria atrilineata

幼虫はクワの葉を食べて育ち、クワの小枝にそっくり。どういうポーズをすると、枝にいちばん似ることができるかをよくわかっているようだ。

分類	チョウ目シャクガ科
前ばねの長さ	23-30mm
見られる地域	北海道・本州・四国・九州
見られる時期	（幼虫）1年じゅう （成虫）6-9月

Q クワエダシャクはどこにいるでしょう？

この写真の中に幼虫が8匹も！

答えは次のページ GO!

擬態シーン1 幼虫

ここにいるよ。 ここにいるよ。 ここにいるよ。

葉を落としたクワの小枝で冬をこす3匹の中齢幼虫。そこにいることを知らないと、ぜったいに見つからないほど小枝にそっくり。23mmぐらい。

首を180°曲げたまま越冬している中齢幼虫。先がおれた枯れ枝にそっくり。

芸が細かい！

胸脚を立てて小枝になりきる老齢幼虫。口からはいた糸で体をささえている。50mmぐらい。

樹木の枝

A ここにいるよ！

クワの小枝になりきる中齢幼虫。

樹木の幹

擬態シーン2 成虫

クワの枝にとまる成虫。目の錯覚で、はねの中央がくぼんでいるように見える。

幼虫は、里山や河川敷にはえているマグワの小枝で見つかる。冬は、クワの葉が落ちているのでさがしやすいが、越冬中の幼虫は小さくて（20〜30mmぐらい）見のがしがち。なかなか見つからない場合でも、1匹目を見つけて目が慣れると、次つぎに発見できる。初夏のころには、大きく育った幼虫が、頭上のクワの枝にじっととまっているのが見つかる。「エダシャク」の名にふさわしいみごとな擬態なので、ぜひ見つけてほしい。

見つけるコツ

擬態ファイル 33

トゲのあるバラの茎になりすます

キエダシャク

Auaxa sulphurea

幼虫は、春から初夏のころ、ノイバラによくひそんでいる。スマートな体型で、体にとげのような突起がならび、バラの茎にそっくり。

分類	チョウ目シャクガ科
前ばねの長さ	18mm前後
見られる地域	北海道・本州・四国・九州
見られる時期	（幼虫）3-5月（成虫）5-7月

幼虫がかくれている。みごとな擬態だ。

Q キエダシャクはどこにいるでしょう？

答えは次のページ GO!

擬態シーン1 幼虫

歩くときは、シャクトリムシのすがたになる。筋もようがある頭部や胸脚も、茎によくまぎれる。

樹木の枝

A ここにいるよ！

ノイバラの茎にとまる終齢幼虫。40mmぐらい。体には、先端が赤褐色になった突起がならんでおり、トゲのあるバラの茎にそっくり。

擬態シーン2 成虫

成虫は黄褐色で、はねの両端を茶色の線が結び、枯れ葉に似ている。

枯れ葉

幼虫は、明るい場所にはえたノイバラの、よく葉がしげった茎の先端近くにひそんでいることが多いが、うまくかくれていて、かんたんには見つからない。せっかく見つけても、少し目をはなすと、どこにいたかわからなくなってしまうので、油断は禁物。

見つけるコツ

擬態ファイル 34

新芽に化けるとんがり頭のイモムシ
オオアヤシャク
Pachista superans

幼虫は、とんがり頭で筒のような体型。コブシやモクレンの芽によく似ている。とくに、冬に見つかる若齢幼虫は、冬芽にそっくり。

分類	チョウ目シャクガ科
前ばねの長さ	28-36mm
見られる地域	北海道・本州・四国・九州
見られる時期	(幼虫)7-8月、10-翌5月 (成虫)6-9月

幼虫がいるよ。見つかるかな。

Q オオアヤシャクはどこにいるでしょう?

答えは次のページ GO!

ハクモクレンの葉柄にとまる中齢幼虫。22mmぐらい。脱皮をする前の「眠」の状態であるため、頭部が半透明になっていて、よけいに新芽のように見える。

擬態シーン 幼虫

ハクモクレンにとまる終齢幼虫。40mmぐらい。新芽に化けるには太くなりすぎたが、枝先にとまっていると意外と目立たない。

樹木の芽

A ここにいるよ！

胸脚をちぢめてコブシの冬芽になりすます若齢幼虫。10mmぐらい。

近づいても冬芽に見える……。

成虫は、くすんだ緑色で、木の幹にとまっていると目立たない。

越冬中の若齢幼虫は、コブシやモクレンなど、モクレン科の樹木の小枝にひそんでいるが、小さくて、冬芽にそっくりで見つけにくい。綿毛があるのはほんとうの冬芽なので、綿毛の目立たない芽を選んでさがしてみよう。中齢以降の幼虫は、食べあとのある葉の近くをじっくりさがすと発見できる。

見つけるコツ

擬態ファイル 35

擬態を極めたら恐竜になりました

クロスジアオシャク

Geometra valida

幼虫は、背中に長い突起がならび、まるで恐竜のよう。しかし、木にとまっていると見つけにくい。成虫のはねは、葉の裏にそっくり。

分類	チョウ目シャクガ科
前ばねの長さ	25mm前後
見られる地域	本州・四国・九州
見られる時期	（幼虫）10-翌5月　（成虫）6-8月

これはおもしろい。幼虫はどこかな？

Q クロスジアオシャクはどこにいるでしょう？

答えは次のページ GO!

擬態シーン1 幼虫

背中側から見たところ。

大きく成長した終齢幼虫。35mmぐらい。

樹木の芽

クヌギの小枝にひそむ終齢幼虫。背中に長い突起がならんでいて、植物の一部のように見える。25mmぐらい。

擬態シーン2 成虫

広葉樹の葉

成虫のはねには、葉脈に似た筋があり、葉の裏にとまるとわかりにくい。

A ここにいるよ！

クヌギの小枝にひそむ終齢幼虫。

見つけるコツ

冬をこした幼虫が、すくすく育つ晩春のころに、クヌギやコナラの食べあとのある若葉のあたりをさがすと見つかる。背中にならぶ突起が、植物の一部のように見えるのでだまされないようにしよう。実物を見ると、そのかっこいいすがたに感動するので、ぜひ見つけてもらいたいイモムシだ。

擬態ファイル 36

神様がえがいただまし絵の傑作
ムラサキシャチホコ
Uropyia meticulodina

成虫は、はねにトリックアート（だまし絵）」がえがかれており、かわいて巻いた枯れ葉にそっくり。幼虫は、虫食いあとのあるクルミの葉に似ている。

分類	チョウ目シャチホコガ科
前ばねの長さ	23-28mm
見られる地域	北海道・本州・四国・九州
見られる時期	（幼虫）6-10月（成虫）4-9月

見つかるのは成虫かな？幼虫かな？

Q ムラサキシャチホコはどこにいるでしょう？

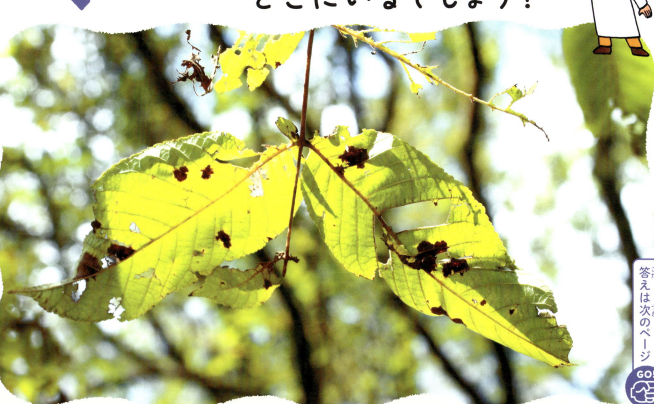

答えは次のページ GO!

擬態シーン1 幼虫

オニグルミの葉にとまる終齢幼虫。30mmぐらい。体にはこげ茶色の紋があり、尾脚は細長く変化している。

食べあとのある葉

オニグルミの葉を食べる終齢幼虫。葉にできた虫食いのあとにそっくりなので見つけにくい。

A ここにいるよ！

オニグルミの葉にひそむ亜終齢幼虫。

ヘビ

おもしろい顔のヘビ！

危険を察して、尾脚の先から赤い突起をのばす終齢幼虫。おしりのあたりに目玉のような紋があり、まるで、舌を出しているヘビのように見える。

擬態シーン2 **成虫**

みごとなもようだ！

枯れ葉

成虫は、かわいて巻いた枯れ葉にそっくり。はねが実際に巻いているわけではなくて、鱗粉と毛によってトリックアート（だまし絵）のようなもようがえがかれている。

成虫を上から見ると、だまし絵の効果がうすれて、ガのすがたがよくわかる。

モデル

本物の枯れ葉。

昆虫に見えない！

葉にとまる成虫。葉の上に落ちた枯れ葉にしか見えないので、鳥などの天敵におそわれなくてすむのだと思われる。

幼虫は、川ぞいにはえたオニグルミの、頭上にはりだした枝で見つかることが多い。食べあらされた枝があれば、がんばって見あげながらじっくりさがしてみよう。成虫も、クルミの木がはえた川ぞいで見られるが、夜、明かりによく飛んでくるので、朝に明かりの周辺の壁や地面をさがしてみよう。日中に、葉の上にどうどうととまっていることも意外と多い。

擬態ファイル 37

校庭で見つかるニセの毒ケムシ
セグロシャチホコ
Clostera anastomosis

幼虫は、毒どくしい色をしている。ドクガ科の毒ケムシにすがたを似せて身を守っていると思われる。成虫は枯れ葉に似ている。

分類	チョウ目シャチホコガ科	前ばねの長さ	16-20mm
見られる地域	北海道・本州・四国・九州・南西諸島		
見られる時期	(幼虫)1年じゅう (成虫)5-10月		

擬態シーン1 幼虫

毒ケムシ
ポプラの葉にいた終齢幼虫。25mmぐらい。毒どくしい色あいで、全身に毛がはえている。見るからに危険そうなすがただが、毒はない。

モデル
さわらないで!
ドクガ科のモンシロドクガの幼虫。毒針毛をもっているので危険。

集団でポプラの葉を食べあらす幼虫。危険な雰囲気につつまれていて近よるのがためらわれるが、危険ではない。

成虫は枯れ葉に似た色あい。

枯れ葉

擬態シーン2 成虫
はねを少しまるめてとまるので、背中側から見るとガだとは思えない。

見つけるコツ
幼虫は、校庭のポプラや、公園の池ぞいにはえたヤナギ類などでも見つかる。目立った色をしていて、集団でいることも多いので、目につきやすい。しかし、ヤナギには、本物の毒ケムシであるモンシロドクガがいることもあるので、まちがってさわらないように注意しよう。

擬態ファイル 38

ヤナギにひそむ忍者イモムシ
ナカグロモクメシャチホコ
Furcula furcula

幼虫の背中には茶色い帯があり、枯れかけたヤナギの葉に似ている。尾脚は細長くて、危険を察すると、その先端から赤い突出物をのばす。

分類	チョウ目シャチホコガ科
前ばねの長さ	17-21mm
見られる地域	北海道・本州・四国・九州
見られる時期	(幼虫)5-10月 (成虫)5-9月

幼虫をさがそう。

Q ナカグロモクメシャチホコはどこにいるでしょう？

答えは次のページGO!

擬態シーン1 幼虫

ポプラの葉にとまる終齢幼虫。35mmぐらい。食べあとのある葉にうまくなじんでいる。

シダレヤナギの葉の上で静止する中齢幼虫。17mmぐらい。背中の茶色い帯が葉の枯れた部分に似ていて見つけにくい。尾脚は細長くて、突起のようになっている。

枯れかけた葉

尾脚の先から赤い突出物をのばして威嚇する亜終齢幼虫。

A ここにいるよ！

シダレヤナギの葉を食べる終齢幼虫。

擬態シーン2 成虫

前ばねに黒い帯がある。

ヤナギの幹にとまる成虫。はねの黒い帯のために、すがたがわかりにくくなっている。

樹木の幹

幼虫は、ヤナギ科の樹木で見られ、田畑のまわりに植えられたシダレヤナギや、公園のポプラで発生していることもある。ポプラのような大きな葉をつける木にいるものは比較的見つけやすく、とくに、小さなうちの幼虫は葉の表にとまっているので目につきやすい。シダレヤナギにいるものは、葉にまぎれてかなり見つけにくいが、擬態のすごさを体験するためにも、ぜひさがしてみてほしい。

見つけるコツ

擬態ファイル 39

枯れ葉に化ける怪物イモムシ
シャチホコガ
Stauropus fagi

幼虫は、怪物のようなすがたbut、枝にぶら下がっていると枯れ葉にそっくり。危険を察すると、シャチホコポーズをとって威嚇する。

分類	チョウ目シャチホコガ科
前ばねの長さ	23-34mm
見られる地域	北海道・本州・四国・九州・屋久島
見られる時期	(幼虫)5-10月 (成虫)4-9月

シャチホコポーズをさがしてみよう。

Q シャチホコガはどこにいるでしょう?

答えは次のページ GO!

擬態シーン1 若齢幼虫

コナラにいた若齢幼虫。上半身がアリに似ている。10mmぐらい。

アリ

クリの枝を歩く終齢幼虫。胸脚が長く、背中には突起がならび、おしりが太くなっている。怪物のような奇妙なすがただ。

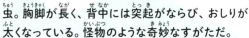

クリにいた終齢幼虫。危険を感じて、体を反りかえらせた独特のポーズをしている。このすがたが、お城の屋根の上に置かれている「しゃちほこ」に似ていることから「シャチホコガ」の名がつけられた。

擬態シーン2 終齢幼虫

カエデの小枝に腹脚だけでぶらさがる終齢幼虫。枝にひっかかった枯れ葉のように見える。45mmぐらい。

枯れ葉

A ここにいるよ！

ヌルデの葉軸にとまって、得意のポーズを決める中齢幼虫。

擬態シーン3 成虫

サクラの幹にとまる成虫。後ろばねを、前ばねの下から少しはみださせてとまるので、樹皮とはねの境目がわかりにくくなって見つけにくい。

樹木の幹

見つけるコツ

幼虫は、クヌギ、クリ、カエデ、サクラ、ヌルデなど、さまざまな樹木で見つかるため、的がしぼりにくく、ねらってさがすのはむずかしい。青あおとしげった葉の中に、不自然に散りのこっている枯れ葉があったら、たしかめてみる価値がある。力をぬくようにして枝にぶらさがっている幼虫は、想像以上に枯れ葉にそっくりなので、だまされないようにしよう。

擬態ファイル 40

その食べあと、もしかしてイモムシでは!?

ツマジロシャチホコ
Hexafrenum leucodera

幼虫は、クリやコナラに残された葉の食べあとにそっくり。休んでいるときも、食事中も、いつも食べあとにくっついて身をかくしている。

分類	チョウ目シャチホコガ科
前ばねの長さ	20-24mm
見られる地域	北海道・本州・四国・九州・屋久島
見られる時期	(幼虫)5-10月 (成虫)5-8月

これはスゴイ!

Q ツマジロシャチホコはどこにいるでしょう?

答えは次のページ GO!

179

擬態シーン1　幼虫

クリの葉にぴったりくっつきながら食事をする終齢幼虫。左の個体は40mmぐらい。背中の中ほどとおしりのあたりには、先が赤くなった突起があり、まるで葉の食べのこされた部分が変色したように見える。

ほかのイモムシは、じょうずに植物に擬態していたとしても、食事のときにはその場所から動かざるをえず、どうしても目立ってしまう。しかし、このイモムシの場合は、葉の食べあとになりすましたまま食事ができるので、食事中にも敵に見つかる心配が少ない。

食べあとのある葉

クリの葉を食べている3匹の若齢幼虫。10mmぐらい。小さなときからかくれんぼがじょうず。

A ここにいるよ！

食べあとになりきってクリの葉を食べている2匹の終齢幼虫。

擬態シーン2　成虫

樹木の幹

成虫は、木の幹にとまっていると見つけにくい。

幼虫は、コナラやシデ類も食べるが、とくにクリでよく見つかる。林の周辺で、食べあとがたくさんあるクリの葉を見つけたら、その食べあとにぴったりくっついているイモムシがひそんでいないかさがしてみよう。見つけたあとにじっくり観察していると、食べあとになりすましたままムシャムシャと葉を食べはじめることもあるので楽しい。

見つけるコツ

擬態ファイル 41

葉にも枝にもとけこむ迷彩デザイン
ホソバシャチホコ

Fentonia ocypete

幼虫の体には、複雑なあみ目もようや緑色の紋があり、葉にとまっていても、枝を歩いていても、まわりにとけこんで見つけにくい。

分類	チョウ目シャチホコガ科	前ばねの長さ	20-23mm
見られる地域	北海道・本州・四国・九州・屋久島		
見られる時期	（幼虫）6-10月（成虫）5-6月、8月		

擬態シーン1 幼虫

コナラの葉先にとまって食事中の亜終齢幼虫。22mmぐらい。

食べあとのある葉

ここにいるよ。

コナラの小枝を歩く亜終齢幼虫。樹皮にとけこんで見つけにくい。

樹木の枝

コナラの葉を食べる終齢幼虫。40mmぐらい。茶色のあみ目ようと緑色の紋のために、葉の枯れた部分のように見える。

枯れかけた葉

コナラの樹皮にとまる成虫。

擬態シーン2 成虫

樹木の幹

幼虫の体のもようは、近くで見ると複雑でとても美しい。

見つけるコツ

幼虫は、林のまわりにはえたコナラの、枝先のあたりの葉でよく見つかる。葉の枯れた部分にそっくりなので見すごしやすいが、逆に、部分的に枯れた葉に注目して、しらみつぶしにさがすと見つかることがある。もし発見できたら、ふしぎな迷彩もようをルーペで拡大してじっくり観察してみよう。

コラム⑩
植物がイモムシに擬態??

野山で樹木に擬態しているイモムシをさがすのは、まるで神様が出題したクイズにチャレンジしているようで楽しい。だが、いつもうまく答えが見つかるとはかぎらない。いくらさがしてもお目当てのイモムシが見つからないときには、だんだんと、どんなものでもイモムシに見えてしまうようになる。今まで、たくさんの「イモムシに擬態する植物」にだまされてきたが、そのなかでもよりすぐりの擬態名人を紹介しよう。

下の写真のイモムシを見つける直前に、同じ木で見つけた枯れ枝。

ネズミモチの枯れた小枝になりすますフタツメオオシロヒメシャクの幼虫。

フタツメオオシロヒメシャクの幼虫
（シャクガ科）

どれもイモムシにそっくりだね！

アラカシの冬芽になりすますヒメカギバアオシャクの幼虫。

ヒメカギバアオシャクの幼虫
（シャクガ科）

なぜか、糸の先にくっついてゆらゆらゆれていた植物のかけら。

見つけたときに思わず「イモムシおったー‼」とさけんでしまったアラカシの曲がった芽。

キシタエダシャクの幼虫
（シャクガ科）

糸をはいてミツバツツジの枝からぶらさがるキシタエダシャクの幼虫。

擬態ファイル 42

「木の皮」になりきって冬をこす
キノカワガ

Blenina senex

成虫は、はねに凹凸があり、樹皮に似たすがた。木の幹にとまっていると見つけにくい。幼虫は、シンプルな緑色のイモムシ。

分類	チョウ目コブガ科
前ばねの長さ	17-19mm
見られる地域	本州・四国・九州・南西諸島
見られる時期	（幼虫）4-9月 （成虫）6-翌4月

Q キノカワガはどこにいるでしょう？

成虫がいるよ。「キノカワガ」という名前のとおりだね。

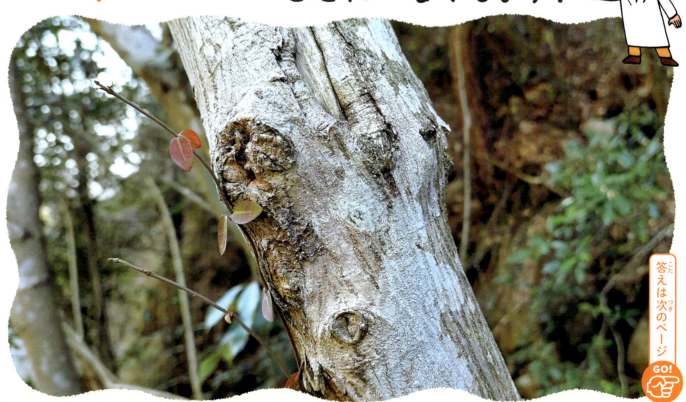

答えは次のページ GO!

樹木の幹

ここにいるよ。

A ここにいるよ！

成虫。はねと体のもようが樹皮そのもの。

擬態シーン1 成虫

成虫の前ばねには凹凸（鱗粉がかたまって盛りあがっている）や筋もようがあり、木の幹にとまると、まわりになじんで、とても見つけにくい。

成虫のはねをよく見ると、さまざまな色の鱗粉が複雑に重なりあっていて美しい。

擬態シーン2 幼虫

広葉樹の葉

カキノキの葉にとまる終齢幼虫。35mmぐらい。緑色で、あまり特徴のないシンプルなイモムシ。

見つけるコツ

成虫は、冬に、雑木林の木の幹にとまって越冬している個体をさがすのがよい。直径30cmぐらいの木に多いが、同じ場所にとまっていても、見る角度によって見つかりやすさがかわる。発見できると、擬態のすごさに感動するので、ぜひ見つけてもらいたい。幼虫は、人家の庭や公園のカキノキでも発生し、葉の上などの目立った場所にいることも多い。

擬態ファイル 43

少しだけふくらんだ樹皮の秘密

シンジュキノカワガ

Eligma narcissus

成虫は、細長い前ばねをもち、とまっているとガに見えない。まゆは、樹皮を材料にしてつくられていて見つけにくい。

分類	チョウ目コブガ科
前ばねの長さ	35 - 39mm
見られる地域	北海道・本州・四国・九州
見られる時期	(幼虫)8 - 11月 (まゆ)9 - 11月 (成虫)7 - 12月

成虫がいるよ。見つけにくいから、よーくさがしてね。

Q シンジュキノカワガはどこにいるでしょう？

答えは次のページ GO!

成虫の前ばねは細長く、ふちにそって、濃い緑色のたてすじがある。はねを細くたたんでとまっていると、あまりガのように見えない。

はねを少し開いて、後ろばねをのぞかせる成虫。後ろばねはオレンジがかった黄色で、黒い帯や青い紋がある。

擬態シーン1 成虫

死んだふり

成虫は、刺激を受けると腹部を曲げて死んだふりをする。

まゆをつくる老熟幼虫。細かくかじりとった樹皮を材料にして、少しずつまゆの壁をつくっていく。

A ここにいるよ！

ニワウルシ（シンジュ）の枝につくられたたくさんのまゆ。樹皮を材料にしてつくられているため、とても見つけにくい。まゆは、刺激を受けると、カシャカシャ……という音を出す。

擬態シーン2 まゆ

樹木の幹

丸で囲んだところにまゆがある。

地面の枯れ葉にとまる成虫。

成虫は、秋以降に見かける機会がふえ、幼虫の食樹であるニワウルシの近くの柵や木の幹、地表などで見つかる。まゆは、ニワウルシの幹や枝につくられている。樹皮と一体化していて見つけにくいが、細かな木くずでできていて、少しふくらんでいるので、慣れれば見わけられるようになる。刺激を受けると音をたてるので、その音が手がかりになることもある。

見つけるコツ

擬態ファイル 44

地衣類のコートをまとうイモムシ

キスジコヤガ

Enispa lutefascialis

幼虫は、地衣類がはえた岩や木の幹にひそんでいる。体全体が地衣類の粉でおおわれていて、地衣類の一部にしか見えない。

| 分類 | チョウ目ヤガ科 | 前ばねの長さ | 8.5-9.5mm |

見られる地域　北海道・本州・四国・九州・南西諸島

見られる時期　（幼虫）1年じゅう（まゆ）4-8月（成虫）5-10月

Q キスジコヤガはどこにいるでしょう？

幼虫が1匹ひそんでいるよ。少しむずかしいかな？

答えは次のページ GO!

擬態シーン1 幼虫

地衣類のはえた木の幹にいた幼虫。体じゅうに地衣類の粉をくっつけていて、イモムシのすがたはかくれてしまっている。17mmぐらい。

地衣類や菌類

苔むした岩の上をゆっくりと移動する幼虫。

地衣類をとりのぞいた幼虫。

擬態シーン2 まゆ

木の幹につくられたまゆ。老熟した幼虫は、地衣類の粉をつづって柄のついたまゆをつくる。

成虫は、後ろばねがうすい赤色で、黄色の帯がある。

A ここにいるよ！

地衣類におおわれた岩肌にひそむ終齢幼虫。

見つけるコツ

幼虫は、しめったうす暗い場所の、地衣類がはえた岩や木の幹にひそんでいる。地衣類の粉で全身をおおっているので、じっと動かずに休んでいる個体を見つけるのはかなりむずかしい。いそうな場所の全体を見わたしながら、ひょこひょこと動いている個体をさがすのが近道。まゆも、幼虫と同じ場所で見つかる。

擬態ファイル 45

葉脈になりきるためのスマート体型
チョウセンツマキリアツバ

Tamba corealis

幼虫は、黄緑色で細長く、葉脈にそっくり。冬にも葉を落とさないヒサカキやツバキの葉の裏で、じっと春がくるのを待っている。

分類	チョウ目ヤガ科	前ばねの長さ	16mm前後
見られる地域	本州・四国・九州		
見られる時期	(幼虫)6-7月、10-翌3月 (成虫)5-6月、8-9月		

Q チョウセンツマキリアツバはどこにいるでしょう？

幼虫発見！
これもみごとな擬態だ。

答えは次のページ GO!

擬態シーン1 幼虫

葉脈

ヒサカキの葉脈に身をひそめながら冬をこし、ようやく春をむかえて、葉を食べはじめたころの中齢幼虫。18mmぐらい。

葉脈にかくれるには大きく育ちすぎた終齢幼虫。40mmぐらい。

太りすぎちゃったね。

A ここにいるよ！

葉の主脈にぴったり重なる中齢幼虫。

擬態シーン2 成虫

イボタノキの葉の上にとまる成虫。ちぎれた枯れ葉のように見える。

枯れ葉

成虫の前ばねには複雑なもようがあり、はねのはしが切れたように角ばっている。

関東地方から西で見られる。幼虫は、ヒサカキやツバキの葉の裏で、葉脈にぴったりくっついて身をひそめており、見つけにくさはピカイチ。大きく育った幼虫はまだ見つけやすいが、擬態のすごさを体験するためにも、ぜひ、ほかの虫が少ない冬場に、越冬中の中齢幼虫をじっくりさがしてみてほしい。

見つけるコツ

擬態ファイル 46

下向きにとまるとサルノコシカケにそっくり

マエジロアツバ

Hypostrotia cinerea

成虫の前ばねには白い帯があり、木の幹に下向きにとまるとキノコのなかまのサルノコシカケに似る。幼虫はキノコを食べて育つ。

分類	チョウ目ヤガ科	前ばねの長さ	14mm前後
見られる地域	北海道・本州・四国・九州		
見られる時期	（幼虫）6-7月、10-翌3月（成虫）5-6月、8-10月		

擬態シーン1 成虫

成虫は、前ばねのふちに白い帯があるので「マエジロ」の名がつけられた。

地衣類や菌類

成虫は、下向きにとまると、サルノコシカケ科のキノコに似ている。

擬態シーン2 幼虫

キノコがはえたサクラの幹にとまる中齢幼虫。樹皮にとけこんで見つけにくい。10mmぐらい。幼虫で越冬すると思われる。

樹木の幹

サルノコシカケ科のキノコを食べる終齢幼虫。黒い帯があるため、体の輪郭がわかりにくい。25mmぐらい。

見つけるコツ

成虫は、しめったうす暗い場所の木の幹で見つかる。夜、明かりに飛んできた個体が、明かりのそばの幹にとまっていることもある。幼虫は、カワラタケなどのサルノコシカケ科のキノコの近くで見つかるが、体にならぶ突起や黒い帯のために樹皮にまぎれて見のがしやすい。

擬態ファイル 47

ネムノキの幹にならぶイモムシ兄弟
カキバトモエ

Hypopyra vespertilio

幼虫は、日中、ネムノキの幹の低い場所にとまって休んでいる。灰色と褐色のまだらもようで、樹皮にとけこんで見つけにくい。

分類	チョウ目ヤガ科	前ばねの長さ	30-40mm
見られる地域	本州・四国・九州		
見られる時期	（幼虫）6-10月　（成虫）5月、7-9月		

樹木の幹

ネムノキの幹にとまる2匹の老齢幼虫。45〜50mm。日中は、幹の低いところに降りてきて静止している。

擬態シーン1　幼虫

ネムノキの幹にならんで休んでいる3匹の老齢幼虫。左はしの終齢幼虫は70mmぐらい。

左の写真と同じ幹にいた中齢幼虫。32mmぐらい。どの幼虫も、自分が目立ちにくい場所をわかってとまっているようだ。

擬態シーン2　成虫

成虫は、枯れた柿の葉に似ている。色は、個体によってちがい、茶色っぽいものもいる。

枯れ葉

幼虫は、川ぞいなどにはえたネムノキの幹に、体をのばした状態で下向きにとまっているが、樹皮によくとけこんでいるので見つけにくい。何匹かが体を寄せあうようにしてとまっていることも多く、1匹だけでいるよりもかえってわかりにくい。成虫は、人の気配に敏感ですぐに飛びたつが、あまり遠くにはいかず、少しはなれたところにとまることが多いので、慎重に近づけば、柿の葉に似たすがたを観察できる。

見つけるコツ

擬態ファイル 48

枯れ葉型のジェット機!?
アカエグリバ
Oraesia excavata

成虫は体全体が茶色で、はねのふちがえぐれており、少し虫に食われた枯れ葉のよう。夜に、樹木の果実に飛んできて汁をすう。

分類	チョウ目ヤガ科
前ばねの長さ	22‐27mm
見られる地域	北海道・本州・四国・九州・南西諸島・種子島・屋久島
見られる時期	(幼虫) 5‐9月 (成虫) 1年じゅう

Q アカエグリバはどこにいるでしょう?

成虫がまぎれているよ。

答えは次のページ GO!

 成虫

少し欠けているところが、リアル！

 枯れ葉

成虫は、前ばねのふちがえぐれていて、頭部の下唇鬚はするどくとがり、枯れ葉によく似ている。

はねをふるわせて飛びたつ前のウォーミングアップをする成虫。ジェット機のようでかっこいい。後ろばねはベージュ色で単純な形をしており、枯れ葉にそっくりな前ばねとのちがいがよくわかる。

A ここにいるよ！

コケにおおわれた朽ち木の上にとまる成虫。

小さな眼状紋をもつ若齢幼虫。15mmぐらい。成長するにつれて、紋は目立たなくなる。

成虫は、モモ、スモモ、カキ、イチジク、トマトなどの果実を食べる、人間にとってのきらわれ者。夜に、熟した実がなった木をさがすと、実にとまっているのが観察できる※。明かりにもよく飛んでくるので、朝に、明かりの近くの壁などに残っている個体をさがしてみよう。さわってもあまり動かないので、手にのせてみるのも楽しい。

※夜の観察は子どもだけでおこなわず、必ず、大人についてきてもらおう。

見つけるコツ

擬態ファイル 49

枯れ葉にかくした目玉もよう
アケビコノハ
Eudocima tyrannus

分類	チョウ目ヤガ科	前ばねの長さ	45-55mm
見られる地域	北海道・本州・四国・九州・南西諸島		
見られる時期	(幼虫)4-10月 (成虫)6-翌4月		

成虫は、はねをたたんでいると枯れ葉にそっくり。はねを大きく開くと、後ろばねの派手な目玉もよう（眼状紋）があらわれる。

擬態シーン1 成虫

夜に、明かりに飛んできた成虫。地面に落ちた枯れ葉にそっくり。

枯れ葉

昼間に、木の上にひそんでいた成虫。枯れ葉がかたまった場所に、うまくかくれている。

ここにいるよ。

目玉

はねを大きくひろげた成虫。後ろばねには目玉のような目立つもようがあり、天敵をおどろかせるのに役立っていると考えられる。

擬態シーン2 幼虫

ミツバアケビのつるにとまる亜終齢幼虫。40mmぐらい。2対の眼状紋を強調するように、独特のポーズをきめている。

目玉

見つけるコツ

成虫は、大きなガだが、枯れ葉にそっくりなので、野山で見つけるのはかなりむずかしい。人の気配に敏感なので、飛びたった個体がとまったあたりをさがすとよいが、こちらが見つける前にまた飛びたって遠くにいってしまうことも多い。夜に明かりに飛んできた個体は、朝になっても壁などにおとなしくとまったままなので、じっくり観察できる。アカエグリバと同じく、夜に果実の汁をすいにきた個体をさがすのもよい。幼虫は、フェンスにからまったアケビのつるに独特のポーズでとまっていて、比較的見つけやすい。

擬態ファイル50

毒オーラにつつまれた安全なケムシ
リンゴケンモン
Acronicta intermedia

幼虫は無毒だが、毒針毛をもったドクガ科の幼虫にそっくり。長い毛におおわれていて、ドクガ科の幼虫よりもあぶなそうに見える。

分類	チョウ目ヤガ科	前ばねの長さ	20-24mm
見られる地域	北海道・本州・四国・九州		
見られる時期	（幼虫）6-10月（まゆ）7-8月、11-翌4月（成虫）5-10月		

見るからにあぶなそうな終齢幼虫。40mmぐらい。毒ケムシとよく似た色あいで、全身が長い毛におおわれている。体をまるめ、「毒あるんだぞ～」と言いたげに背中の黒いこぶを見せつけて威嚇しているが、毒はない。

擬態シーン1 幼虫
背中を走る黄色い帯、体側にならぶ白色紋、その下のオレンジ色の線など、細かいところまで毒ケムシにそっくり。

モデル さわらないで！
モンシロドクガの幼虫。毒針毛をもつ本物の毒ケムシだ。

毒ケムシ

擬態シーン2 まゆ
樹皮につくられたまゆ。樹皮のかけらを糸でつづってつくられているが、厚みがほとんどなくて、樹皮と見わけがつかない。まゆの長さは35mmぐらい。

樹木の幹

見つけるコツ
幼虫は、サクラで見つかることが多く、人家の庭や公園、街路樹でも発見できる。モンシロドクガなどの毒針毛をもったドクガ科の幼虫にそっくりなので、くれぐれもまちがえないようにしよう。毒ケムシよりも毛が長く、毛先が白くなっていることで見わけられる。まゆを野外で見つけることはとてもむずかしいので、飼育ケースに樹皮を入れて幼虫を飼育し、まゆをつくらせて観察するのがよい。

成虫のはねは灰色で、黒い筋がある。この筋が剣を思わせることから「ケンモン」の名がつけられた。

擬態ファイル 51

体にヨモギの花をならべたイモムシ

ハイイロセダカモクメ

Cucullia maculosa

幼虫は、ヨモギの花がさくころにだけあらわれ、その花やつぼみを食べて育つ。体にはヨモギの花に似た紋がならび、花穂にそっくり。

分類	チョウ目ヤガ科
前ばねの長さ	15-20mm
見られる地域	北海道・本州・四国・九州
見られる時期	(幼虫)9-10月 (成虫)8-9月

幼虫がいる。1匹だけじゃないよ。

Q ハイイロセダカモクメはどこにいるでしょう？

答えは次のページGO！

擬態シーン1 幼虫

ヨモギにとまる終齢幼虫。25mmぐらい。ヨモギの花やつぼみを食べて育つ。体側に、ヨモギの花によく似た紋がならび、上半身を丸めて静止すると、体全体がヨモギの花穂のように見える。

花やつぼみ

ヨモギの花を食べる中齢幼虫。18mmぐらい。体側の紋は、まだヨモギの花よりかなり小さいが、それでもうまくまぎれていて見つけにくい。

擬態シーン2 成虫

樹木の幹

成虫は木の幹にとまると、樹皮にまぎれて見つけにくい。

成虫の前ばねは、灰色と黒褐色のまだらもようで、うっすらとした黒い斑点がある。

A ここにいるよ！

ヨモギにひそむ3匹の幼虫。個体によって体の色が少しちがっている。

見つけるコツ

幼虫は、秋に、河川敷や低山地〜丘陵地の開けた場所にあるヨモギの群落で見つかる。まだつぼみが多いヨモギや、花がさきおわったヨモギではなく、ちょうど花ざかりのヨモギの花をさがすのがよい。目が慣れないうちは見つけにくいが、最初の一匹を見つけてさがすコツがつかめたら、さっきまで何もいないと思っていた場所にも、たくさんひそんでいることがわかって、おどろかされることがある。

コラム⑪ 集まれ！トラじま赤ちゃん

　チョウやガの幼虫であるイモムシには、かわった色やもようをしているものが多い。なかでもとくに印象的なのは、体が黄色と黒のしまもようになっていて、頭部が赤いイモムシたちだ。そんなイモムシを、「トラじま赤ちゃん」とよぶことにしよう。トラじま赤ちゃんのトラじまは、毒針をもったハチを思いださせるし、赤い頭部は、にがい汁を出すテントウムシによく似ている。このすがたは、チョウ目のいろいろなグループの幼虫で見られるので、身を守るのにかなり役立っているにちがいない。

トラじま赤ちゃん、かわいいでしょ？

アオバセセリの幼虫（セセリチョウ科）
体長50mmぐらいになる大きなトラじま赤ちゃん。頭部はナナホシテントウに似ている。

オオフトメイガの幼虫（メイガ科）
クリの葉の表に糸をはり、空中にうくようにして静止しているのでよく目立つ。

ホシヒトリモドキの幼虫（ヒトリモドキガ科）
南西諸島で見られるトラじま赤ちゃん。頭部は黒いけれど、胸部の前半分が真っ赤。

カバイロオオアカキリバの幼虫（ヤガ科）
屋久島より南で見られる。スマートな体型で、細かいトラじまをもつ。

ハマオモトヨトウの幼虫（ヤガ科）
トラじまというには黄色味が足りないが、そのかわり頭部とおしりの両方がテントウムシに似ている。

自然界最強のベビー服だね！

擬態ファイル 52

砂浜にひそむハンター

カワラハンミョウ

Chaetodera laetescripta

広い砂浜や川原で見られ、砂地によく似たすがたをしていて見つけにくい。長いあしを使って活発に走りまわり、ほかの昆虫をとらえて食べる。

分類	コウチュウ目オサムシ科	体長	14-19mm
見られる地域	北海道・本州・四国・九州
見られる時期	(成虫) 6-9月

地面や石

広い砂浜にいた成虫。上ばねの色は、個体によってちがう。この個体は白い部分が広くて、砂の色によく似ている。

擬態シーン 成虫

同じ場所にいた別の個体。黒い部分が広くて、左の個体よりは目立つが、細いあしや、上ばねのふちの白い部分がまわりの砂になじんで、意外と見つけにくい。

ごみがたまった場所にいたペア。下がメスで、上にのったオスは、大あごでメスの体をはさんでいる。黒っぽい個体もこのような場所では目立たない。

植物の上にとまると、すがたがよくわかる。

砂地だと最強の擬態なんだけどね。

見つけるコツ

広い砂浜や川原の砂地で見られるが、生息地はかぎられていて、よい環境が残っている場所でないと見つからない。生息地では個体数が多いが、広い場所にまんべんなくいるわけではなく、その一部のややしめった砂地にたくさん集まっていることが多い。砂にまぎれて見つけにくいが、人が近づくとすぐに飛びたつので、がんばって追いかけまわしているうちに、近くで観察できるチャンスがめぐってくる。

擬態ファイル 53

すがたもしぐさもハチにそっくり
トラハナムグリ

Trichius japonicus

とまっていても、飛んでいても、マルハナバチにそっくり。天気のよい日に白い花にやってきて、花から花へ活発に飛びまわる。

分類	コウチュウ目コガネムシ科	体長	13-16mm
見られる地域	北海道・本州・四国・九州
見られる時期	（成虫）5-8月

擬態シーン 成虫

ハナチダケサシに飛んできた成虫。花にとまって動きまわったり、花から花へ活発に飛びうつるようすがマルハナバチのなかまによく似ている。

ハナバチ

前胸や腹部には細かい毛がびっしりとはえている。

目玉

上ばねのはしには眼状紋がある。花に頭部をつっこんで花粉や蜜を食べているときには、この紋が目立つ。

見つけるコツ

寒い地域に多く、西日本ではあまり見られない。初夏から夏にかけて、天気のよい日に活発に活動する。林縁や渓流ぞいの少し開けた場所に、白い花をたくさんつけた植物（シシウド、ノリウツギなど）があったら、ほかの虫たちにまじって飛んできていないかさがしてみよう。

モデル

トラマルハナバチの働きバチ。毒針をもつ。大きさはトラハナムグリとほとんど同じ。

さわらないで！

擬態ファイル 54

マツにとけこむ地味なタマムシ
ウバタマムシ
Chalcophora japonica

幼虫はマツの材を食べて育ち、成虫もマツのまわりに多い。タマムシにしては地味な色あいで、マツにとまっていると目立たない。

分類	コウチュウ目タマムシ科	体長	24-40mm
見られる地域	北海道・本州・四国・九州・南西諸島
見られる時期	(成虫)1年じゅう

マツの幹にとまるオスの成虫。まるで樹皮の一部のようで見つけにくい。オスは、前あしの節が太いことでメスと見わけられる。

擬態シーン 成虫

樹木の幹

小枝にとまるメス。オスもメスも地味な色をしているので、どんな場所にいてもあまり目立たない。

真冬に、公園の柵にとまっていたメス。冬でも、あたたかい日には活動することがある。

昼間に、マツの幹や枝によくとまっている。40mm近くもある大きなコウチュウだが、マツの樹皮にそっくりなので、目の前にいても気づかないことがある。夏の天気のよい日に、マツの新しい伐採木をさがすと、産卵をしにきたメスが見つかる。活発に動きまわっている個体は見つけやすいが、人の気配に敏感で、すぐに遠くに飛んでいってしまうので、慎重に観察しよう。

見つけるコツ

秋に下草にとまっていたメス。

メスを正面から見たところ。複眼が大きくてかわいい。

擬態ファイル 55

かくれるのも死んだふりも得意

フタモンウバタマコメツキ

Cryptalaus larvatus

樹皮にそっくりな大きなコメツキムシ。上ばねに半円状の紋がある。刺激を受けると、あしをちぢめて、死んだふりをする。

分類	コウチュウ目コメツキムシ科
体長	26-32mm
見られる地域	本州・四国・九州・南西諸島
見られる時期	(成虫)1年じゅう

Q フタモンウバタマコメツキはどこにいるでしょう？

これだけ近づけばさすがにわかるかな？

答えは次のページ GO!

樹木の幹

樹液にきた成虫。樹皮に似ていて目立たない。

擬態シーン 成虫

コナラの小枝にとまる成虫。うまくかくれているつもりのようだが、細すぎる枝を選んでしまったために目立っている。

公園の柵にとまる成虫。人工物にもうまくまぎれている。

A ここにいるよ！

樹皮のくぼんだ部分にはまりこんで、幹と一体化している成虫。

死んだふり

死んだふりをする成虫。触角やあしをぴったり体にくっつけているので、木切れのように見える。胸部に備わった突起とみぞを使って、あお向けの状態からジャンプすることができる。

新潟県〜千葉県より西に分布し、あたたかい地域でよく見られる。シイやカシの木が多い林の周辺で、樹液が出ている木をさがすと見つかることがある。夜は、明かりによく飛んでくる。刺激を受けるとすぐに死んだふりをするので、うまく発見できたら、手にとって死んだふりをするようすを観察しよう。

見つけるコツ

擬態ファイル 56

ずんぐり体型でハチを演じる
ヤノトラカミキリ

Xylotrechus yanoi

分類	コウチュウ目カミキリムシ科	体長	12-19mm
見られる地域	本州・四国・九州
見られる時期	（成虫）7-8月

カミキリムシにしては触角が短く、ずんぐりした体型で、スズメバチに似ている。夏のさかりに、エノキの倒木や弱った木に集まる。

擬態シーン **成虫**

スズメバチ・アシナガバチ

顔つきもスズメバチにそっくり。

成虫は、ずんぐりした体型で、スズメバチのなかまによく似ている。上ばねにははっきりした黄色い紋があり、クモバチやドロバチのなかまの腹部に似ている。触角は、カミキリムシにしてはかなり短く、ハチの触角にそっくり。幼虫は、エノキの材を食べて育ち、成虫もエノキに集まる。

モンスズメバチの働きバチ。毒針をもつ。

モデル

さわらないで！正面から見たモンスズメバチ。

腹部には、ハチを思わせる黄色と黒のしまもようがある。

新潟県〜千葉県より西に分布するが、生息地はかなりかぎられる。夏のさかりにあらわれ、エノキの倒木や弱った木に集まったり、林縁の下草にとまったりしているのが見つかる。せっかく見つけても、すぐに飛んでいってしまう場合があるので、慎重に近づこう。

見つけるコツ

擬態ファイル 57

黄色い帯は「近づくな」のサイン
キスジトラカミキリ
Cyrtoclytus caproides

黒色で、上ばねの黄色い帯が目立ち、ドロバチのなかまに似ている。白い花をさかせた木や、クリ、サクラなどの伐採木に集まる。

分類	コウチュウ目カミキリムシ科	体長	10-20mm
見られる地域	北海道・本州・四国・九州
見られる時期	(成虫)5-8月

ノリウツギの花にやってきた成虫。黒色で、上ばねにはっきりとした黄色い帯があり、ドロバチのなかまに似ている。

擬態シーン 成虫

腹部には黒と黄色のしまもようがあり、はねをひろげて飛ぶとアシナガバチやスズメバチに似ている。

伐採木にとまる成虫。触角は、カミキリムシにしては短く、ハチの触角に似ている。丸みがある前胸も、ハチの前胸に似ている。上ばねのつけ根（矢印）が赤茶色になっているのは、胸部と腹部のあいだを細く見せかけて、すがたをよりハチに近づけているのかもしれない。(→p.223)

モデル さわらないで！

ドロバチのなかまは、体全体が黒くて黄色い帯や紋があるものが多く、メスは毒針をもつ。写真は、オオフタオビドロバチ。

雑木林のまわりなどで見られ、初夏から夏にかけての天気のよい日に、クリ、ガマズミ、ノリウツギなど、白い花をさかせた木に集まる。クヌギ、コナラ、サクラ、カキノキなどの新しい伐採木でもよく見られ、交尾中のペアや、産卵しているメスが観察できる。

見つけるコツ

擬態ファイル 58

たまに歩きだす樹皮

ゴマフカミキリ

Mesosa japonica

ずんぐりした体型のカミキリムシ。全身が、ゴマをまぶしたような細かな斑紋におおわれていて、樹皮にうまくまぎれている。

分類	コウチュウ目カミキリムシ科
体長	11-15mm
見られる地域	北海道・本州・四国・九州
見られる時期	（成虫）4-10月

木の幹を歩くオスの成虫。黒色で、灰白色の細かな斑紋があり、樹皮にまぎれて見つけにくい。

擬態シーン 成虫

樹木の幹

メス（上）に結婚をもうしこんでいるオス（下）。メスは、オスとくらべて触角が短い。

静止するオス。人工物の上にいてもあまり目立たない。まわりをシリアゲアリのなかまがたくさん歩きまわっているが、気にせずにじっとしている。

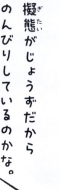
擬態がじょうずだからのんびりしているのかな。

正面から見たオス。のんびりした顔つきをしている。

雑木林の伐採木や道ばたに積まれた枯れ枝などでよく見られる。樹皮にそっくりだが、夜だけでなく、昼間にも活動しているので、意外と目につきやすい。新しい伐採木や弱った木では、メスに結婚をもうしこんでいるオスや、産卵場所をさがすメスが見つかることがある。のんびりとした愛きょうのある顔をしているので、発見できたら顔もわすれずに観察しよう。

見つけるコツ

擬態ファイル 59

歩きまわるイモムシのふん？？

ムシクソハムシ
（ナミムシクソハムシ）

Chlamisus spilotus

色も形も大きさも、イモムシのふんにそっくり。危険を感じると、あしをちぢめて体にぴったりくっつけ、死んだふりをする。

分類	コウチュウ目ハムシ科	体長	2.7-3.5mm
見られる地域	本州・四国・九州		
見られる時期	（幼虫）5-8月（成虫）不明		

サクラの小枝にとまる成虫。枝にくっついたままになっているイモムシのふんのようだが、よく見ると、あしがある。

クヌギの葉の上で交尾するペア。左がメスで、右がオス。2つのイモムシのふんがくっついているようにしか見えない。

別の角度から見たところ。

ふん

擬態シーン　成虫・幼虫

死んだふりをする成虫。ちぢめたあしが、体のみぞにぴったりおさまっている。前胸の背面が少しふくれていて、上ばねには小さなこぶがならんでいる。細かなところまでふんにそっくりだ。

モデル

イモムシのふん。

死んだふり

コナラの葉にくっついている幼虫のふんケース（携帯巣）。下から幼虫のあしがのぞいている。幼虫は、自分のふんでつくったケースを背負い、危険を察するとケースの中にひっこんでしまう。

見つけるコツ

成虫は、春から秋まで活動しているが、初夏のころにとくによく見られ、クヌギ、コナラ、サクラなど、広葉樹の葉や枝先にとまっている。イモムシのふんにそっくりだが、本物のふんはたいてい数個以上がかたまっているので、もしも、1つだけぽつんと落ちているふんがあったら、ムシクソハムシではないかたしかめてみよう。うまく見つけることができても、死んだふりをして下に落ちたり、はねをひろげて飛んでいってしまったりするので注意しよう。

擬態ファイル 60

うんちでコーティングしちゃいました

ユリクビナガハムシ

Lilioceris merdigera

幼虫はユリの葉を食べて育ち、自分が出したふんを背中にのせる習性がある。ふんの量がふえると、体全体がふんにおおわれてしまう。

分類	コウチュウ目ハムシ科
体長	7 - 8.5mm
見られる地域	本州・四国・九州
見られる時期	（幼虫）5 - 7月（成虫）1年じゅう

幼虫がいるよ。何匹見つかるかな？

Q ユリクビナガハムシはどこにいるでしょう？

答えは次のページ GO!

擬態シーン 幼虫

ユリの葉の上についたふんのようなものは、すべて、ふんを背負った幼虫たち。幼虫は、自分のふんで身を守りながら育つ。

ベトベトしたふんで背中をおおった中齢幼虫。5mmぐらい。新しいふんを出すと、古いふんは、だんだん背中の上のほうにおしやられていく。

ふん

ユリの葉を食べる終齢幼虫。10mmぐらい。頭の近くの古いふんはかわいている。

成虫は、赤くて美しい。

A ここにいるよ！

ユリの葉にとまる2匹の幼虫。自分のふんで体をおおっている。

幼虫は、6月ごろ、人家周辺や丘陵地などで見られるが、発生場所はかぎられる。ユリ科の葉を食べて育つが、とくに、栽培種のタカサゴユリやスカシユリでよく見つかる。先のほうの葉がかじられたユリを見つけたら、ふんを背負った幼虫がひそんでいないかたしかめてみよう。大きく育った幼虫は目立ったところにいるが、まだ小さな幼虫は葉の裏やすき間など見えないところにかくれていることが多い。

見つけるコツ

擬態ファイル 61

カバーをかぶってごみのふり

イチモンジカメノコハムシ

Thlaspida biramosa

幼虫や蛹は、ぬけがらとふんでつくったカバーにおおわれていて、ごみのように見える。成虫は、水っぽい鳥のふんのよう。

分類	コウチュウ目ハムシ科	体長	7.8-8.5mm

見られる地域　本州・四国・九州・南西諸島

見られる時期　(幼虫)5-7月 (蛹)6-8月 (成虫)1年じゅう

ムラサキシキブの葉の裏にいた中齢幼虫。3mmぐらい。ぬけがらとふんでつくった盾のようなカバーを背負っていて、ごみのように見える。

危険を察すると、カバーを上げ下げして身を守る。

ごみに擬態！

擬態シーン1　幼虫・蛹

蛹もカバーで守られていて、葉についたごみに見える。

ごみに擬態！

カバーを開くと、地球外生命体のようなすがたの蛹があらわれる。7mmぐらい。

擬態シーン2　成虫

半透明の体で、うんちの水っぽさを演出！

山道や自然豊かな公園にはえたムラサキシキブでよく見つかる。イチモンジカメノコハムシが発生している木は、葉に小さな楕円形のあな（食べあと）がたくさんあいているのですぐにわかる。新しい食べあとのある葉を裏がえすと、黒っぽいカバーで身を守る幼虫がひそんでいる。ひとつの木で、幼虫、蛹、成虫がそろって見つかることもある。

見つけるコツ

ふん

羽化したばかりの成虫。体のふちに半透明になった部分があり、新鮮な鳥のふんに似ている。

擬態ファイル 62

葉にこびりついたふんの正体は……

ホソアナアキゾウムシ

Pimelocerus elongatus

分類	コウチュウ目ゾウムシ科	体長	5-8mm
見られる地域	本州・四国・九州・屋久島
見られる時期	(成虫)4-10月

白と黒にぬり分けられていて、干からびた鳥のふんにそっくり。広葉樹の葉の表にどうどうととまっていることが多い。

擬態シーン **成虫**

ふん

モデル

ハクモクレンの葉にとまる成虫。休むときは、あしや触角をちぢめていて、干からびた鳥のふんにそっくり。

干からびた鳥のふん。

はなれて見ると、鳥のふんにしか見えない！

成虫の体には、赤茶色の丸いダニがくっついていることが多い。

クマシデの葉の上を歩く成虫。あしをひろげると、ふつうのゾウムシのすがたになる。

見つけるコツ
広葉樹の樹上で見つかり、葉の表側の目立つところにとまっていることが多い。あしをすぼめてじっとしていると、思った以上に鳥のふんにそっくりなので、だまされないようにしよう。人の気配に敏感で、よく観察しようとして近づくと、下に落ちてしまうことがある。

擬態ファイル 63

小枝にしがみついて冬芽になりきる
アカコブコブゾウムシ
（アカコブゾウムシ）

カシやコナラの枝にしがみつき、冬芽にそっくりなすがたで越冬している。上ばねに小さなこぶをもつことが名前の由来。

分類	コウチュウ目ゾウムシ科
体長	7.2 - 8.5mm
見られる地域	本州・四国・九州・屋久島
見られる時期	（成虫）1年じゅう

Q アカコブコブゾウムシはどこにいるでしょう？

じょうずにかくれているよ。

答えは次のページ GO!

213

擬態シーン 成虫

アラカシの枝にしがみついて冬をこしている成虫。分かれ目にできた冬芽に見える。

樹木の芽

上ばねには小さなコブがある。名前もかわいらしいが、じっとしがみついているすがたもかわいらしい。

A ここにいるよ！

コナラの冬芽になりすまして越冬する成虫。

秋に、林のそばの柵にとまっていた成虫。

里山や自然公園で、冬に、アラカシやコナラの枝先や枝の分かれ目をさがすと見つかる。冬芽はたくさんあるので、さがすのがたいへんだが、まちがいさがしをするつもりで根気よく見てまわろう。秋や春先に、手すりにとまっていることもあるが、せっかくなら、木の上で冬芽に化けているところを見つけたい。

見つけるコツ

擬態ファイル 64

ゴツゴツした体で樹皮にとけこむ
マダラアシゾウムシ
Ectatorhinus adamsii

ゴツゴツとした体つきで、クヌギなどの樹皮にそっくり。危険を察すると、あしをちぢめて地面に落下し、死んだふりをする。

分類	コウチュウ目ゾウムシ科
体長	14 - 20mm
見られる地域	北海道・本州・四国・九州
見られる時期	（成虫）不明

Q マダラアシゾウムシはどこにいるでしょう？

樹皮をよーく見てみよう。

答えは次のページ GO!

木の幹で静止するオス。遠くから見ると樹皮にそっくりで目立たないが、近づいて、ルーペなどを使ってじっくり観察すると、全身が網目もようにおおわれ、上ばねには赤茶色のこぶがならび、あしには白いしまもようがあるなど、美しいすがたにおどろかされる。

メス（下）に結婚をもうしこんでいるオス（上）。

擬態シーン　成虫

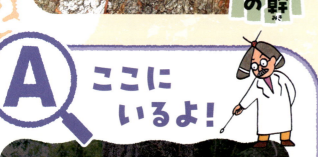

樹木の幹

モンスズメバチと顔をつきあわせて樹液をなめる成虫。スズメバチのなかまは、いつもはほかの虫を追いはらっていい場所をひとりじめにしているが、マダラアシゾウムシが樹皮に似すぎていて気づかないのだろうか。

A ここにいるよ！

木の幹にとまる2匹の成虫。左がオスで右がメス。

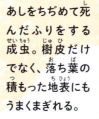

あしをちぢめて死んだふりをする成虫。樹皮だけでなく、落ち葉の積もった地表にもうまくまぎれる。

死んだふり

雑木林で見られ、クヌギ、コナラ、ヌルデなどの幹にひっそりととまっている。大きなゾウムシだが、クヌギのような細かな凹凸のある樹皮にとまっていると、うまくなじんで見つけにくい。せっかく見つけても、近づくと地面に落ちてしまうことがあるので、慎重に観察しよう。夏から秋にかけては、樹液にやってきているのが見つかる。

見つけるコツ

擬態ファイル 65

枯れ葉で家をつくる水中のミノムシ

エグリトビケラ

Nemotaulius admorsus

成虫は、前ばねのふちがえぐれていて、とまっていると枯れ葉にそっくり。幼虫は水中で育ち、落ち葉の切れはしをつないだ巣をつくる。

分類	トビケラ目エグリトビケラ科	前ばねの長さ	25-40mm
見られる地域	北海道・本州・四国・九州
見られる時期	（幼虫）1年じゅう （成虫）4-10月

ササの葉にとまる成虫。前ばねのふちがえぐれている。細長い触角をそろえて前にのばしていることが多く、全体のすがたが、ちぎれた枯れ葉のように見える。

触角が葉柄みたい！

枯れ葉

擬態シーン **成虫・幼虫**

夜のうちに明かりに飛んできて、壁にとまったまま朝をむかえた成虫。目立っているが、壁にくっついた枯れ葉のように見えて、天敵の興味をひきにくいと思われる。

見つけるコツ

幼虫は、終齢になる春に見つけやすい。あさい池の、落ち葉がたくさんしずんでいる場所をあみですくうと、落ち葉の切れはしをつなげた大きな巣が入ることがある。成虫は、夜、明かりによく飛んでくるので、朝に、幼虫が生息していそうな場所の近くにある明かりのまわりをさがすと見つかることがある。

幼虫は、あさい池などの水中で育ち、丸く切った枯れ葉をつなげた巣をつくる。

巣の外に出した幼虫。大きく育つと40mmぐらいになる。

擬態ファイル 66

おとなしいのに、あぶない見た目
ベッコウガガンボ
Dictenidia pictipennis

おとなしくて安全な昆虫だが、毒針をもつハチを思わせる派手なすがた。メスの腹端は針のようにとがっていて、見るからにあぶなそう。

分類	ハエ目ガガンボ科	体長	13-17mm
見られる地域	北海道・本州・四国・九州
見られる時期	(成虫)4-9月

擬態シーン：成虫

メスの成虫。おしりが針のようにとがっている。つかまえると、腹部を曲げて、さすようなしぐさをすることがある。

オスの成虫。メスとちがっておしりはとがっていないが、腹部にある紋や、派手な色彩がハチのなかまを思いださせる。

その他のハチ

モデル

ベッコウガガンボの腹部の紋は、オオモンクロクモバチの紋に似ている。

モデル

ベッコウクモバチは、色の組み合わせがベッコウガガンボと同じ。※

※ベッコウガガンボやベッコウクモバチの「ベッコウ」とは、ウミガメの一種であるタイマイの甲羅のこと。ベッコウのうち、オレンジ色のものは「オレンジ甲」とよばれるが、それに近い色をした昆虫に「ベッコウ」の名がつけられることがある。

見つけるコツ

幼虫が朽ち木の中で育つので、朽ち木や立ち枯れた木が多い場所の下草などによくとまっている。渓流ぞいの植物上でも見つかることがある。遠くからでもよく目立つが、人の気配に敏感で、すぐに飛んでいってしまうので、慎重に近づこう。夜、明かりに集まるので、朝に人家の壁などにとまっていることもある。

> 擬態ファイル 67

枯れ野にまぎれる空飛ぶ毛玉
ビロウドツリアブ

Bombylius major

春にだけあらわれる、モフモフの毛におおわれたアブ。落ち葉の積もった地面の近くを不規則に飛びまわる。細長い口吻をもつが、危険はない。

分類	ハエ目ツリアブ科
体長	7-14mm
見られる地域	北海道・本州・四国・九州・南西諸島
見られる時期	（成虫）3-5月

成虫が枯れ葉にまぎれているよ。

Q ビロウドツリアブはどこにいるでしょう？

答えは次のページ GO!

オスの成虫。左右の複眼がくっついていることで、メスと見わけられる。まっすぐにのびた長い口吻をもつが、人をさすことはない。モフモフの茶色い毛におおわれていて、落ち葉が積もった地表にとまると目立たない。

枯れ葉

低いところを飛ぶ成虫。ときどきホバリングしながら、直線的に飛ぶ。スピードは速くないが、まわりにとけこむ色をしていて、しかも不規則に方向をかえるので見失いやすい。

擬態シーン 成虫

長い口吻をさしこんで、ユリワサビの花の蜜をすうオスの成虫。

A ここにいるよ！

落ち葉におおわれた地面にとまる成虫。

交尾するペア。上がメスで下がオス。交尾をすませたメスは、砂地におしりをこすりつけて砂つぶを体内にとりこみ、その砂つぶでくるんだ卵をうみおとす。幼虫は、ヒメハナバチのなかまの巣にもぐりこみ、ハチの幼虫や集められた栄養物（花粉や蜜）を食べて育つといわれる。

成虫は、春の晴れた日に、自然豊かな公園や里山の日当たりのよい場所を歩くと、低いところを飛んでいるのがよく見つかる。地面にとまっていると見つけにくいが、人の気配に敏感ですぐに飛びたつのでどこにいるかがわかる。飛びたった個体は、しばらくするとまた近くにとまることが多いので、がんばって追いかけてみよう。

見つけるコツ

擬態ファイル 68

すみからすみまでハチにそっくり
ハチモドキハナアブ

Monoceromyia pleuralis

ドロバチのなかまにおどろくほどよく似たハナアブ。樹木の幹にじっととまっていることが多く、すぐ近くで見てもハチとしか思えない。

分類	ハエ目ハナアブ科	体長	15-20mm
見られる地域	本州・四国・九州
見られる時期	(成虫)5-10月

ドロバチ

クヌギの幹にとまるオスの成虫。体色や腰（腹部上部）のくびれなどが、ドロバチのなかまにそっくり。でも、よく見ると、小さなしゃもじのような平均棍があるので、ハエ目の昆虫だとわかる。樹液の出ている木でよく見つかるが、樹液は食べずに、幹にじっととまっていたり、幹のまわりをゆっくり飛んでいることが多い。

平均棍

モデル

オオフタオビドロバチは、体色が似ているだけでなく、大きさもハチモドキハナアブとほぼ同じ。

さわらないで！

擬態シーン 成虫

クヌギの樹皮に産卵しようとしているメス。細長い産卵管をのばしている。

6月から9月にかけて、やや暗い場所の、樹液がたくさん出ているクヌギの幹でよく見つかる。樹液のすぐ近くよりも、少しはなれた樹皮にじっととまっていることが多い。飛んで逃げてしまっても、しばらくするとまたもどってくるので、あきらめないようにしよう。すぐにもどってこなくても、時間をおいてからまた見にいくと、たいていもどっている。

見つけるコツ

交尾するペア。左上がメスで、右下がオス。

擬態ファイル 69

肉だんごのつくりかたまで研究ずみ？

トガリハチガタハバチ

Tenthredo smithii

アシナガバチにそっくりで、見るからにあぶなそうなすがた。えものをつかまえて肉だんごにするようすまでアシナガバチに似ている。

分類	ハチ目ハバチ科	体長	11.5-16mm
見られる地域	北海道・本州・四国・九州		
見られる時期	（幼虫）6-7月（成虫）4-6月		

葉の上にとまる成虫。ハバチのなかまは毒針をもたないが、アシナガバチやスズメバチなどの毒針をもつ種に似たすがたをしているものが多い。とくに、ハチガタハバチのなかまは、色彩も体型も、ホソアシナガバチにそっくりだ。

擬態シーン1 成虫

バッタのなかまの幼虫をつかまえて食べる成虫。幼虫のえさにするために狩りをするアシナガバチとはちがって、自分で食べてしまうが、えものを肉だんごにするようすはアシナガバチにそっくり。

スズメバチ・アシナガバチ

モデル　ムモンホソアシナガバチ

さわらないで！

ハチガタハバチの一種の幼虫。25mmぐらい。体を丸めて頭をかくし、おしりを上にあげているので、おしりのほうが頭のように見える。サルトリイバラなどの葉を食べて育つ。

擬態シーン2 幼虫

顔はどこ？

成虫は、初夏のころ、林縁のややうす暗い場所の葉にとまっているのが見つかるが、数はあまり多くない。アシナガバチにそっくりだが、少しずんぐりしていて、腰（腹部上部）が細くなっていないことで見わけられる。幼虫は、梅雨どきによく見られ、成虫よりも見つけやすい。ややしめったうす暗い場所にはえたサルトリイバラに食べあとがあったら、葉を裏がえして幼虫がひそんでいないかたしかめてみよう。

見つけるコツ

222

コラム⑫
くびれたウエストをめざして

ハエ目のなかまには、ハチのすがたをまねて身を守っているものが多い（ベイツ型擬態→p.8）。毒針をもつハチのなかまは、胸部と腹部をつないでいる部分（正確には、腹部第1節と第2節の間。人間でいえば腰にあたる部分）が細くくびれているのがとくちょう※なので、それをまねることができれば、より確実に天敵をだますことができる。いろいろな工夫をして、くびれたウエストをめざしているハエ目の虫たちを紹介しよう。

※毒針をもつハチは、くびれがあるおかげで、体を大きく曲げることができ、敵やえものに針をさしやすくなっている。

もようでごまかす

シマアシブトハナアブ（ハナアブ科）

シマアシブトハナアブ（ハナアブ科）の腹部には、「X」のような形の黒い紋があって、その部分がくびれているように見える。

シロスジナガハナアブ（ハナアブ科）

シロスジナガハナアブ（ハナアブ科）の腹部には、白くすけたように見える紋があり、ウエストを細く見せるためのトリックアートになっている。

かくしてごまかす

シナヒラタハナバエ（ヤドリバエ科）は、はねの一部が変形してできた胸弁が、胸部と腹部のあいだをおおいかくしている。そのため、ウエストがくびれているように見える。

シナヒラタハナバエ（ヤドリバエ科）

ヒラタヤドリバエの一種（ヤドリバエ科）

ヒラタヤドリバエの一種（ヤドリバエ科）も、胸弁があるためにウエストが細く見え、そのうえ、腹部にしまもようがあるので、かなりハチっぽい。

実際に細くする

ヒメハチモドキハナアブ（ハナアブ科）

ヒメハチモドキハナアブ（ハナアブ科）は、腹部第2節を細くすることによってくびれをつくっている。くびれの部分のふちが白っぽくなっているので、実際以上に細く見える。

オオマエグロメバエ（メバエ科）

オオマエグロメバエ（メバエ科）も腹部第2節が細くなっている。写真はオスで、メスよりもウエストが細い。オスは、活動的で天敵の目につきやすいので、擬態のメリットがメスよりも大きいのかもしれない。

理想の体型をめざして努力したのね！

擬態ファイル 70

葉裏にひそむ透明のハート

アミメクサカゲロウ

Apochrysa matsumurae

はばの広い透明のはねをもった、大きくて美しいクサカゲロウのなかま。はねを平たくして、葉の裏にぴったりはりついてかくれている。

分類	アミメカゲロウ目クサカゲロウ科	前ばねの長さ	24mm前後
見られる地域	本州・四国・九州		
見られる時期	(成虫)1年じゅう		

擬態シーン **成虫**

成虫の上半身。複眼の色が美しい。はねのまわりには細かい毛がはえているため、はねと葉の境目があまり目立たない。

おみごと！

葉脈

葉の裏にとまる成虫。細いからだを葉の主脈にそわせ、レースのようなうすい透明のはねを平らにしてとまっている。おもに夜に活動し、昼間は葉の裏で休んでいることが多い。

人の気配におどろいて飛びたち、別の葉にとまった成虫。はねが透明のハートのように見える。はねにある黒い紋は、個体によって濃さがちがう。

あたたかい地域の、カシやシイが多い林でよく見られ、樹上の葉の裏にじっととまっている。この虫だけをねらって発見するのはむずかしいが、ほかの虫をさがして葉を裏がえしたときに、とつぜん見つかることがある。おどろいて飛びたっても、近くの葉の裏にまたとまる。しばらく待っていると、体の向きをかえて、葉脈に体をそわせて身をかくすようすが観察できる。成虫で越冬し、真冬にも、常緑樹の葉の裏で見つかる。

見つけるコツ

擬態ファイル71

岩肌にひそむアリジゴク
コマダラウスバカゲロウ

Nepsalus jezoensis

幼虫は、巣をつくらないタイプのアリジゴクのなかま。地衣類のはえた岩肌に、地衣類そっくりのすがたでひそみ、えものをつかまえる。

分類	アミメカゲロウ目ウスバカゲロウ科
前ばねの長さ	27-31mm
見られる地域	北海道・本州・四国・九州
見られる時期	（幼虫）11-翌4月（成虫）6-9月

幼虫が2匹いるよ。

Q コマダラウスバカゲロウはどこにいるでしょう？

答えは次のページ GO!

擬態シーン　幼虫

地衣類のはえた岩にいた幼虫を、ひそんでいた場所から少し移動させて、すがたがよくわかるようにしたところ。10mmぐらい。内側に小さなトゲがならんだするどい大あごをもち、ほかの昆虫をはさんで体液をすう。体のあちこちに地衣類の粉をつけてカムフラージュしている。ウスバカゲロウのなかまの幼虫は、アリジゴクともよばれ、すりばち状の巣をつくることで知られるが、この種は巣をつくらない。

地衣類や菌類

大あごを180°に開き、えものが通りかかるのをじっと待っている幼虫。小さな黒い複眼が意外とかわいらしい。

成虫は、はねに細かな紋があって美しい。しめったうす暗い場所で見られ、夜、明かりにも飛んでくる。

A　ここにいるよ！

地衣類におおわれた岩肌にひそむ2匹の幼虫。

幼虫で冬をこし、3〜4月ごろには大きく育ってくるので見つけやすくなる。渓流ぞいなどのややうす暗くてしめった場所の、地衣類がたくさんはえた岩の表面によくひそんでいる。うまく地衣類にまぎれているので、最初はなかなか見つけられないが、1匹見つけることができたら、コツがわかって、次つぎと見つかることが多い。

見つけるコツ

擬態ファイル 72

幹にとけこむやかましい忍者
ニイニイゼミ

Platypleura kaempferi

公園や校庭でよく見つかる、やや小型のセミ。複雑なまだらもようがあるはねをもち、すぐ近くで鳴いていてもどこにいるのかわからない。

分類	カメムシ目セミ科
全長	32-40mm
見られる地域	北海道・本州・四国・九州・南西諸島
見られる時期	(成虫)6-9月

セミも意外と見つけにくいよ。

Q ニイニイゼミはどこにいるでしょう？

答えは次のページ GO!

擬態シーン 成虫

はねもふくめて体全体がまだらもようで、樹皮にまぎれて見つけにくい。

樹木の幹

鳴いているオスの成虫。少し茶色っぽい個体だが、自分の体色がわかっているかのように、茶色っぽいサクラの幹にとまっている。オスは、「ジ————」と長く鳴きつづけるが、すぐ近くで鳴いているのに、どこにいるのかわからないことも多い。

ななめ方向から見た成虫。どんな角度から見ても、木の幹によくなじんでいる。

幼虫から羽化して、はねをのばそうとしている成虫。ほかのセミのなかまは、羽化直後は真っ白だが、ニイニイゼミの場合は、うすい色がついているので、あまり目立たない。

A ここにいるよ！

木の幹にとまっている成虫。

住宅地の公園や校庭の樹木でも見つけることができる。一時は数が減ったが、最近はまたふえている。朝早くから夕方おそくまで鳴きつづけるので、鳴き声をたよりにさがすのがよい。とくに、サクラの幹によくとまっている。人の気配に敏感で、見つける前に、すぐ近くの幹から飛んで逃げられ、くやしい思いをすることも多い。セミと勝負をするつもりで、相手が逃げるより先に発見できるようがんばろう。

見つけるコツ

擬態ファイル 73

美声はすれども、すがたは見えず……
ヒグラシ

Tanna japonensis

| 分類 | カメムシ目セミ科 | 全長 | 40-50mm |

見られる地域　北海道・本州・四国・九州・南西諸島

見られる時期　(成虫)6-9月

夏の朝や夕方に、美しい声で合唱するセミ。茶褐色、黒色、緑色のまだらもようで、樹皮にうまくなじんで見つけにくい。

擬態シーン　成虫

キノコがはえた幹にとまるメス。メスは、腹部が短いことでオスと見わけられる。このような場所にとまると、透明のはねが効果を発揮して、セミの輪郭がわかりづらい。

樹木の幹

コナラの幹にとまるオスの成虫。樹皮にまぎれて見つけにくい。「カナカナカナカナ…」と、すずしげな美しい声で鳴き、夏の明けがたや夕ぐれどきには、たくさんのオスが合唱する。

コケや地衣類がはえた幹にとまるメス。腹部の先に白い粉でおおわれた部分があり、下から見あげたときに、その部分が地衣類の一部のように見えることがある。

見つけるコツ

うす暗い林に好んですみ、朝や夕方に美しい鳴き声をひびかせるが、樹上の高いところで鳴くことが多く、観察しにくい。昼間には、幹の低いところにとまって休んでいるので、間近で観察できるチャンスがある。人の気配に敏感で、こちらが気づく前に遠くに飛んでいってしまうが、そんな場所では、近くに別の個体が必ずひそんでいるので、慎重にさがしてみよう。

擬態ファイル 74

冬芽に化けたり、死んだふりをしたり
トビイロツノゼミ

Machaerotypus sibiricus

身近な自然でもよく見つかるツノゼミのなかま。樹木の小枝や枝先にとまっていると、冬芽のように見えて気づきにくい。

分類	カメムシ目ツノゼミ科	全長	5-6.5mm
見られる地域	北海道・本州・四国・九州
見られる時期	(成虫) 10-翌7月

擬態シーン 成虫

小枝にとまっている成虫。枝の途中から出た冬芽のように見える。ツノゼミは、セミという名がつくが、セミのなかまではなく、ヨコバイなどに近い昆虫だ。

樹木の芽

アラカシの枝先にとまる成虫。枝によくなじんでいる。

死んだふり

葉の上で、横にたおれて死んだふりをする成虫。敵の気配を感じて下に落ちようとしたのに、ここにのっかってしまったようだ。

1分もたたないうちにおきあがって、ふつうのすがたにもどった。胸部に耳のような突起があるのがかわいらしい。

見つけるコツ

春から初夏にかけて、自然豊かな公園や里山の、コナラやクヌギ、サクラなどの小枝や葉柄にとまっているのがよく見つかる。5mmぐらいしかなくて、写真で見る印象よりもかなり小さいので、見のがさないようにしよう。危険を感じると、すぐに飛んだりジャンプしたりしてすがたを消すので、見つけたときは刺激しないように慎重に観察しよう。

擬態ファイル 75

幹にはりつく立体シール

ミミズク

Ledra auditura

幼虫は、とても平たくて、昆虫とは思えないすがた。木の幹や、落ち葉の裏にぴったりはりついて、春がくるのを待っている。

分類	カメムシ目ヨコバイ科
全長	13-19mm
見られる地域	本州・四国・九州・南西諸島
見られる時期	(幼虫)不明 (成虫)5-10月

Q ミミズクはどこにいるでしょう？

幼虫のすがたが見えるかな？

答えは次のページ GO!

リョウブの葉の裏にとまっている亜終齢幼虫。葉にくっついたごみのように見える。

ごみに擬態！

近くで見ると、少しだけふくらんだ立体シールのようなすがたをしている。前あしや中あしは、体の下にかくれていて見えず、後ろあしは、体の横にぴったりとくっつけている。

葉の上を歩いている幼虫。頭は右側。体がうすっぺらいことがよくわかる。

くいの上にとまっている終齢幼虫。10mmぐらい。こんなところにいても、うまくまわりにとけこんでいる。

A ここにいるよ！

擬態シーン1 幼虫

木の幹に平たい体をぴったりとつけて、一体化している亜終齢幼虫。

樹木の幹

擬態シーン2 成虫

コナラの小枝にとまるメスの成虫。ヘラ状になった頭部の先を樹皮にフィットさせて、枝と一体化している。

樹木の枝

幼虫は、秋から冬にかけて、樹木の幹にはりついて冬ごししていることが多いが、樹皮と一体化していて見つけにくい。落ち葉の裏にはりついていたり、林のそばに設置された柵などにとまっている個体のほうが見つけやすい。春になると、樹木の葉にはりついている幼虫がよく見つかるようになる。成虫は、初夏から秋にかけて、クヌギなどの小枝によくとまっている。

見つけるコツ

232

擬態ファイル 76

冬の虫さがしにオススメ！
コミミズク
Ledropsis discolor

成虫も幼虫も、頭部がへらのようになっていて、小枝になりすますためにうまれてきたようなすがた。幼虫は、冬に公園の柵などでよく見つかる。

分類	カメムシ目ヨコバイ科
全長	9-13mm
見られる地域	本州・四国・九州
見られる時期	（幼虫）9-翌4月　（成虫）4-7月

幼虫がかくれているよ。

Q コミミズクはどこにいるでしょう？

答えは次のページ GO!

小枝にはりついて越冬している、さまざまな体色の幼虫たち。3匹いるのがわかるだろうか？

下の個体が、枝にくっついて擬態モードになったところ。

アラカシの枝先を歩く終齢幼虫。10mmぐらい。頭部も腹部もへらのような形になっている。

擬態シーン1 幼虫

アラカシの冬芽になりすましているオスの成虫。頭部が冬芽の先のようにとがり、翅脈は、冬芽の鱗片が重なったようすによく似ている。

樹木の芽

樹木の枝

A ここにいるよ！

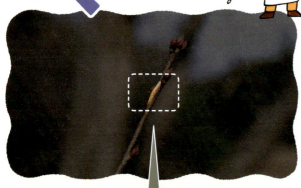

ヘラ状の体を小枝にぴったりつけている中齢幼虫。

擬態シーン2 成虫

アラカシの小枝にとまるメスの成虫。はねにある白い帯が、体の輪郭を分断して、虫のすがたをわかりにくくしている。

上と同じ個体。背中側から見ると、さらにわかりにくい。

見つけるコツ

真冬でも幼虫が見つかるので、冬場の虫さがしを盛りあげてくれるありがたい存在だ。幼虫は、公園などの柵にとまっているのがよく見つかるが、この虫の擬態のすごさを体験するためには、やはり、樹木にとまっているところを見つけだしたい。まずは本やインターネットで見られる生態写真を見て、幼虫がひそんでいるすがたをよく目に焼きつけておき、それから公園や里山の、アラカシ、コナラ、クヌギなどの小枝を、根気よくさがしてみよう。成虫は春にさがすのがよいが、見つかる数は幼虫よりもかなり少ない。

擬態ファイル 77

ジャンプが得意なテントウムシ？
キボシマルウンカ

Gergithus iguchii

テントウムシにそっくりなウンカのなかま。思わずだまされてしまいそうになるが、逃げるときにジャンプするので正体がばれる。

分類	カメムシ目マルウンカ科	全長	5mm前後

見られる地域　本州・四国・九州
見られる時期　（幼虫）7-8月（成虫）8-11月

擬態シーン1　成虫

テントウムシ

センニンソウのつるにとまる成虫。上から見るとテントウムシにそっくりだが、横から見るとあしの形などがちがっていることがわかる。テントウムシは飛びたって逃げるが、この虫は、ジャンプして逃げることが多い。また、テントウムシはかじる口をもっているが、この虫はとがった口吻をもち、植物の汁をすってくらしている。

前から見た成虫。テントウムシとはあまり似ていないオトボケ顔。

モデル

トホシテントウ

擬態シーン2　幼虫

カラムシの葉で群れる幼虫。はなれたところから見ると、ハムシのなかまの脱皮がらなどに似ていて、生きている虫だとは気づきにくい。

死んだふり

見つけるコツ

近畿地方から西で見られ、成虫は、夏の後半から秋にかけて、林縁にはえたイラクサなどにとまっているのが見つかる。どこにでもいる種ではないが、生息地ではつぎつぎと見つかることが多い。そんな場所では、真夏のころにあらわれる幼虫もさがしてみよう。

幼虫はひれのようにひろがった黒いあしをもち、独特のポーズでじっとしている。

擬態ファイル 78

個性派ぞろいの真ん丸ウンカ
マルウンカ
Gergithus variabilis

丸い形をしたウンカ。色やもようが、個体によってさまざまで、テントウムシに似ているものや、虫こぶに似ているものがいる。

分類	カメムシ目マルウンカ科	全長	5.5-6mm
見られる地域	本州・四国・九州
見られる時期	(幼虫)10-翌5月 (成虫)5-9月

テントウムシ
クリの葉にとまる成虫。色やもようは個体によってちがう。この個体は、シロジュウシホシテントウとアミダテントウを足して2で割ったようなすがたをしている。

交尾をするペア。上の個体は、ヒメカメノコテントウの黒化型に、下の個体は、シロジュウシホシテントウに似ている。テントウムシのなかまは、オスがメスの背中にのって交尾するので、その姿勢まではまねることができていないようだ。

擬態シーン 成虫

汁がすいやすいのか、葉の主脈の上にならんでとまっている3匹のマルウンカ。上が終齢幼虫、中央が成虫（黄緑色のタイプ）、下が中齢幼虫。はなれたところから見ると、まるで、3つならんだ虫こぶのよう。

虫こぶに擬態？

モデル

シロジュウシホシテントウ

アミダテントウ

ヒメカメノコテントウ（黒化型）

見つけるコツ
成虫は、林縁や林内の、ややうす暗い場所の下草や樹木の葉の上にとまっていることが多く、柵の上でも見つかる。色やもようが個体によってちがうので、1匹見つけたら、近くに別のタイプがいないかさがしてみよう。危険を感じると、とつぜんジャンプしてすがたを消してしまうので、観察は慎重に。

擬態ファイル 79

みんなでならんで、敵をあざむく
アオバハゴロモ
Geisha distinctissima

成虫は、枝や茎にならんでとまって、昆虫っぽさを消している。幼虫は、白いロウ状の物質を出して、その中にまぎれている。

分類	カメムシ目アオバハゴロモ科
全長	9-11mm
見られる地域	本州・四国・九州・南西諸島
見られる時期	(幼虫)6-7月 (成虫)7-10月

クリの小枝に、一定の間隔をあけてとまっている成虫。植物の一部のように見えて、1匹だけでとまっている場合よりも目立たない。

擬態シーン1 成虫

成虫は、赤色にふちどられたうす緑色のはねをもち、植物の新芽に似ている。

アケビのつるにとまる成虫の群れ。遠くからでも目をひくが、たくさんの芽が出た植物のように見えて、鳥などの天敵におそわれにくいと思われる。

樹木の芽

擬態シーン2 幼虫

自分たちが分泌した白いロウ状の物質におおわれた2匹の幼虫。植物にはえたカビのように見える。

地衣類や菌類

まちなかの公園や人家の庭でもよく見つかる。成虫がたくさん群れているところを観察するには、数がふえる8〜9月ごろに、林のそばにはえた樹木の小枝や、太めのつるをさがすのがよい。幼虫は、ロウ状の物質の中にまぎれていることが多い。植物の枝や茎に、ベタついた白い綿のようなものがこびりついていたら、幼虫がひそんでいないかたしかめてみよう。

見つけるコツ

擬態ファイル80

おしりのかざりでかくれんぼ

アミガサハゴロモ

Pochazia albomaculata

幼虫は、おしりにタンポポの綿毛のようなかざりをつけている。枝にとまってかざりを開いていると、植物の一部のように見える。

分類	カメムシ目ハゴロモ科	全長	10-13mm
見られる地域	本州・四国・九州・南西諸島		
見られる時期	(幼虫) 6-8月 (成虫) 7-10月		

擬態シーン1 幼虫

クリの小枝にならんで休んでいる幼虫。植物の一部のように見える。幼虫のおしりの先には、自分で分泌したロウ状の物質でできたタンポポの綿毛のようなかざりがついている。幼虫たちはそれを精一杯にひろげ、体はその下にかくしている。

横から見ると、幼虫のすがたがよくわかる。体長は4mmぐらい。敵に見つかったときには、おしりのかざりをすぼめて高くジャンプし、空中でかざりをパラシュートのように開いて、すこしはなれた場所に軟着陸する。

前から見た幼虫。とぼけたような顔がかわいらしい。

コウゾの花。ついている場所や形が、休んでいるときのアミガサハゴロモの幼虫に似ている。

花やつぼみ

幼虫は、7月ごろに、林縁にはえたクリやクヌギ、コナラなどの小枝でよく見つかる。おしりの白いかざりが目立っているので、小さいけれど、見つけやすい。発見できたら、かざりにかくれた顔や体をよく観察してみよう。危険を感じると、ジャンプして逃げるが、近くのどこかに着地しているので、落ちついてさがせば、また見つけることができる。おしりのかざりはとてもとれやすいので、なるべくさわらないようにしよう。

見つけるコツ

擬態シーン2 成虫

ツツジの葉にとまる成虫。新鮮な個体は、抹茶色の粉におおわれていて見つけにくい。この粉は、活動するうちに少しずつとれてしまい、もともとの体色が出てきて黒っぽくなる。

広葉樹の葉

水中にひそむドラキュラ
タイコウチ

Laccotrephes japonensis

水中にしずんだ枯れ葉のようなすがたで身をひそめ、通りかかったえものをカマのようなあしでとらえて、体液をすってしまう。

分類	カメムシ目タイコウチ科
体長	30-38mm
見られる地域	本州・四国・九州・南西諸島
見られる時期	(幼虫)6-8月 (成虫)1年じゅう

水底をよく見てみよう。

Q タイコウチはどこにいるでしょう？

答えは次のページ GO!

小川の砂底にひそんでいる成虫。通りかかった小魚やエビ、オタマジャクシなどをカマのような前あしでつかまえ、するどい口吻をつきさして体液をすってしまう。この状態でも枯れ葉にそっくりでわかりにくいが、砂にあさくもぐっていると、もっとわかりにくくなる。

枯れ葉

擬態シーン **成虫・幼虫**

←呼吸管

小川にいた終齢幼虫。25mmぐらい。幼虫の呼吸管（水面に出して息をするための管）は、成虫よりも太くて短く、枯れ葉の葉柄に似ている。

口吻→

幼虫も立派なハンター！

ヌマエビのなかまをとらえて体液をすう終齢幼虫。

A ここにいるよ！

砂底に浅くもぐっている成虫。

魚やエビ、オタマジャクシなどの小動物がたくさんすんでいる池でよく見られ、水草につかまっていたり、水底の枯れ葉や砂底の中にひそんでいる。水の上からはかなり見つけにくいが、網で岸辺の植物や水草が多い場所をすくうとつかまえられる。網を水の中に入れると、すぐに水草の奥のほうにかくれようとするので、最初のひとすくいが大事になる。手づかみにすると、するどい口吻でさされることがあるので要注意。水辺は危険なので、大人といっしょに観察しよう。

見つけるコツ

擬態ファイル 82

アリが育ってアシナガバチに？？

ホソヘリカメムシ

Riptortus pedestris

小さな幼虫は、黒くて腹部が丸く、アリにそっくり。成虫は、腹部にしまもようがあり、飛ぶすがたがアシナガバチに似ている。

分類	カメムシ目ヘリカメムシ科	体長	14-17mm

見られる地域　北海道・本州・四国・九州・南西諸島
見られる時期　(幼虫)5-10月 (成虫)1年じゅう

擬態シーン1 若齢幼虫

モデル　アリ

クロヤマアリ

葉の裏にかくれていた若齢幼虫。黒っぽくて、腹部に丸みがあり、アリにそっくり。腹部の上のほうには、1対の小さな白い紋があり、アリの体のくびれを表現していると思われる。よく見ると、長い口吻がのびているので、カメムシのなかまだとわかる。

擬態シーン2 成虫

成虫は全身が茶色で、葉にとまっていると、スマートである以外あまり特徴のないふつうのカメムシのように見えるが、腹部に特徴がある。

スズメバチ・アシナガバチ

成虫のはねの下には、しまもようのある腹部がかくされていて、しかも、後ろあしが長いので、はねをひろげて飛ぶと、アシナガバチにそっくりなすがたになる。

モデル

キボシアシナガバチ

見つけるコツ

若齢幼虫は、初夏や初秋によく見られ、マメ科やイネ科の植物の葉にとまっているのが見つかる。せっかく見つけても、葉の裏側などにすぐにかくれてしまうので、見失わないようにしよう。大きさも形もアリとそっくりでまぎらわしいが、長い口吻が見わける目印になる。成虫は、晴れた日に、よくしげったマメ科植物の上を、複数の個体が活発に動きまわっていることがあり、そんな場所では、短い距離を何度も飛ぶすがたが観察できる。

コラム⓭
体が真っ二つ!?

体を目立つ色でぬりわけて、全体のすがたをわかりにくくするもようのことを「分断色」という。白と黒でぬりわけられたジャイアントパンダやシャチは、その例と考えられる。昆虫のなかまにも、分断色によって身を守っていると思われる種が、さまざまなグループで見られる。ここでは、体にはっきりとした筋や透明の部分があり、まるで体が真っ二つに分かれてしまっているように見える虫たちを紹介しよう。

おしゃれなワンポイント！

ムカシトンボの幼虫（ムカシトンボ科）

オオモクメシャチホコの幼虫（シャチホコガ科）

コシアキトンボ（トンボ科）

オオハナアブ（ハナアブ科）

キオビツチバチ（ツチバチ科）

クロハナムグリ（コガネムシ科）

コカゲロウの一種（コカゲロウ科）

シロオビアワフキ（アワフキムシ科）

シロシタホタルガ（マダラガ科）

ヒシバッタの一種（ヒシバッタ科）

擬態ファイル 83

サクラの幹を走りまわる忍者
イダテンチャタテ
Idatenopsocus orientalis

冬に、地衣類がはえたサクラの幹を元気に走りまわるチャタテムシのなかま。樹皮に似ていて、動かずにとまっていると見つけるのはむずかしい。

分類	カジリムシ目マルチャタテ科
体長	4mm前後
見られる地域	北海道・本州・九州
見られる時期	（成虫）10‐翌2月

こりゃ、まいった！

Q イダテンチャタテはどこにいるでしょう？

答えは次のページ GO!

地衣類におおわれたサクラの幹にとまっているメスの成虫。幹の上をすばやく走りまわるので、「韋駄天※」の名がつけられた。とても小さくて、地衣類に似た体色なので、動いているときにはどこにいるかわかっていても、動きをとめたとたんに居場所がわからなくなる。
※走るのが速い神様。

地衣類や菌類

擬態シーン 成虫

地衣類のはえていない場所にとまるメス。こういうところでは、すがたがよくわかるが、すぐまた走りだしてしまう。

オスの成虫は、黒っぽくて、はねや触角が長い。

A ここにいるよ！

地衣類がはえたサクラの幹にとまっている成虫。

見つけるコツ

冬に、地衣類のはえたサクラの幹でよく見つかる。日ざしがふりそそぐあたたかい日には、たくさんの個体が幹を走りまわっているのが観察できる。同じように地衣類におおわれていても、イダテンチャタテがたくさんいる木と、まったくいない木があるので、すぐに見つからなくてもあきらめないでほかの木もさがしてみよう。

擬態ファイル 84

地表にひそむ褐色のハンター
コカマキリ
Statilia maculata

地表でよく見られる褐色のカマキリ。落ち葉や枯れた植物にまぎれて身をかくし、近くにやってきたえものをとらえて食べてしまう。

分類	カマキリ目カマキリ科
体長	40-65mm
見られる地域	本州・四国・九州
見られる時期	(幼虫)5-8月 (成虫)8-11月

よ〜くさがせば、見つかるよ。

Q コカマキリはどこにいるでしょう？

答えは次のページ GO!

擬態シーン **成虫・幼虫**

枯れ葉

地表に飛んできたスキバツリアブをとらえて食べるメスの成虫。落ち葉や土に似た体色は、天敵から身を守るのにも役立つし、えものに気づかれずに狩りをするのにも役立つ。

落ち葉の積もった地表を歩く成虫。前あしの内側に白色と黒色の紋があるのが特徴。ほかのカマキリとちがって、地表や草の低いところにいることが多く、じっとしていると、まわりの色にとけこんで見つけにくい。

緑色型のメスの成虫。緑色型はレアだが、地表にいると、褐色型よりも見つけやすい。

A ここにいるよ！

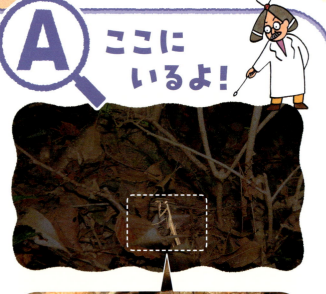

落ち葉が積もった地表にひそむ成虫。

落ち葉の上を歩く幼虫。40mmぐらい。幼虫も成虫と同じく地表や低い草の上で見つかる。若齢幼虫は、黒くて、アリに似ている。

幼虫は初夏から夏にかけて見られ、成虫は夏から秋の終わりまで見られる。林縁や、河川敷などに生息し、遊歩道と草むらの境目などでよく見つかる。じっとしている個体は見つけにくいが、人が近づくと、逃げようとして動きだすことが多い。動きが速く、すぐに草むらの奥にかくれてしまうので、見失わないようにしよう。

見つけるコツ

擬態ファイル 85

得意技は、死んだふり

ヒメカマキリ

Acromantis japonica

小さな幼虫は、黒くてアリにそっくりで、大きく育つと、枯れた植物のようなすがたになる。身の危険がせまると死んだふりをすることがある。

分類	カマキリ目ハナカマキリ科	体長	25-32mm
見られる地域	本州・四国・九州		
見られる時期	（幼虫）6-9月（成虫）9-11月		

擬態シーン1 若齢幼虫

アリ

若齢幼虫は、色も形も大きさもアリにそっくり。腹部を思いきり反りかえらせて、丸みのあるアリの腹部に似せているのがすごい。4mmぐらい。

擬態シーン2 終齢幼虫

ハゼノキの樹上にいた終齢幼虫。前あしをのばし、腹部を反りかえらせていて、枯れた植物のかけらのように見える。25mmぐらい。

枯れ葉

擬態シーン3 成虫

枯れかけた葉

ナスの葉にとまっているメスの成虫。天敵の鳥に見つかってしまうのでは？と心配になるが、遠くからだと、葉の枯れた部分のように見えてあまり目立たない。

死んだふり

死んだふりをしているメスの成虫を観察していたら……

おしりから、ニュルニュルと長いものがあらわれ……

どんどんのびて、とうとうカマキリの体の外に出てしまった。この長いものの正体は、ヒメカマキリの体内に寄生していたハリガネムシだ。カマキリがほんとうに死んでしまったと思って、出てきてしまったのだろうか。ちなみに、死んだふりをやめたヒメカマキリは、ハリガネムシを残して、とことこと林の奥に消えていった。

雑木林の林縁や林内の樹上で見られ、とくに、渓流ぞいの樹木がよくしげった場所などに多い。アリに似た若齢幼虫は、6月から7月のはじめにかけて、樹上や下草で見つかる。成虫は、カマキリのなかまにしてはよく飛び、夜、明かりにも飛んでくる。柵やガードレールで見つかることも多い。つかまえようとして追いかけると、死んだふりをすることがあるので、いじめすぎないように気をつけながらたしかめてみよう。

見つけるコツ

擬態ファイル 86

タネをうみおとす小枝？

ナナフシ（ナナフシモドキ）

Ramulus mikado

体もあしも細長くて、植物の小枝や茎にそっくり。オスはめったに見つからず、メスは、交尾をせずに、植物の種に似た卵をうみおとす。

分類	ナナフシ目ナナフシ科	体長	♂60mm前後 ♀85mm前後
見られる地域	本州・四国・九州・南西諸島		
見られる時期	（卵）8-翌4月（幼虫）4-7月（成虫）6-11月		

擬態シーン　成虫・幼虫　樹木の枝　針葉樹の葉

マツにひそんでいる2匹の成虫と1匹の幼虫。すべてメス。褐色型の成虫は、小枝とまぎらわしく、緑色型の幼虫は、葉にうまくなじんでいる。

テリハノイバラの葉にとまる若齢幼虫。体やあしを葉脈にそわせてかくれようとしているようだが、けっこう目立っている。

カラムシにとまる緑色型のメスの成虫。あしをのばすと、軽く10cmをこえる大きさだが、植物の茎とよく似ていて目立たない。

【見つけるコツ】自然豊かな公園や里山の、日当たりのよい林縁でよく見られる。春には、柵の上などを歩く若齢幼虫が目立つので、生息場所を知る手がかりになる。成虫は、とても大きい昆虫だが、枝や茎にそっくりなすがたで植物にじっととまっているので、見つけるのはかなりむずかしい。それだけに、発見できたときの感動は大きいので、がんばってさがしてみよう。

卵と成虫のふん。卵は3.5mmぐらい。卵の表面にはしわがあり、干からびた植物の種に似ている。メスは、植物にとまったまま、地表に卵をうみおとす。※野外で卵を見つけるのは不可能に近いが、メスを採集して飼育すると、毎日、数個ずつの卵をうみおとしてくれる。

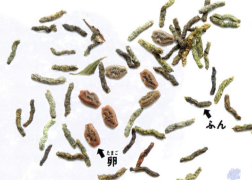

←ふん　←卵

※メスだけでふえる単為生殖をおこない、オスはめったに見られない。

擬態ファイル 87

触角とあしをそろえて究極の「前へならえ」
エダナナフシ
Phraortes elongatus

ナナフシによく似ているが、触角が細長いところが大きなちがい。ナナフシとはちがってオスがよく見つかり、交尾していることも多い。

分類	ナナフシ目トビナナフシ科
体長	♂75mm前後 ♀95mm前後
見られる地域	本州・四国・九州
見られる時期	（卵）8-翌4月（幼虫）4-7月（成虫）6-11月

これはむずかしいぞ。

Q エダナナフシはどこにいるでしょう？

答えは次のページ GO!

サクラの葉にとまる緑色型のメスの成虫。左の後ろあしがとれてしまっている。触角が細長いことでナナフシ（→p.248）と見わけられる。あしはとれやすく、とくに、擬態が見やぶられて敵につかまりそうになったときには自切※してしまうので、このような個体が多い。

※自分で切ってしまうこと。

擬態シーン　成虫・幼虫　樹木の枝

褐色型のメスの成虫。枯れた枝にうまくまぎれている。中あしや後ろあしが短いのは、幼虫のときに自切したあしが、脱皮を経て再生したためと思われる。

枝にそっくり！

A ここにいるよ！

前あしをそろえて、ぴーんとのばしている成虫。

前あしと触角をそろえて「前へならえ」をするようにのばしている幼虫。前あしのつけ根は少し湾曲していて、前にのばしたときに、頭部とぴったりくっつくようになっている。

枝になりきるための体つき！

幹に引っかかった枯れ枝にしか見えない！

枯れ枝

コケがはえた木の幹で交尾をするペア。上がオスで、下がメス。

ノイバラにとまる中齢幼虫。45mmぐらい。葉に食べあとを残している。

卵は、植物の種に似ている。ナナフシの卵とはちがって、表面がなめらかで、おへそのようなものがついている。

見つけるコツ
ナナフシ（→p.248）と同じような環境で見つかるが、中齢ぐらいまでの幼虫は、とくに、イタドリの葉によくとまっている。ナナフシやエダナナフシを見つける裏ワザは、夜にさがしてみることだ。どちらも、夜には活発になって、植物の葉を食べていることも多い。懐中電灯で木や草を照らすと、昼間よりも虫のすがたがうかびあがって見つけやすくなるのもメリットだ。ただし、夜の観察は危険をともなうので、必ず、大人といっしょにいくようにしよう。

擬態ファイル88

寒くなると擬態をやめる？？

トゲナナフシ

Neohirasea japonica

体に小さなトゲがまばらにはえている、少し太めのナナフシ。枯れ枝にそっくりで見つけにくいが、冬が近づくと、目立つ場所に出てくる。

分類	ナナフシ目トビナナフシ科
体長	♀57-75mm
見られる地域	本州・四国・九州・南西諸島
見られる時期	（幼虫）4-7月（成虫）6-12月

擬態シーン1 成虫　枯れ枝

触角と前あしを前にのばして、枯れ枝になりきっているメスの成虫。小さなトゲがまばらにはえている。中あしと後ろあしのつけ根には白い紋があり、樹皮の一部がはげ落ちたように見える。オスはめったに見られず、メスだけで単為生殖をおこなう。

木の枝にとまっているメスの成虫。鳥におそわれたのか、腹部の一部がなくなってしまっていて、体内にある卵が見えている。秋の後半になると、まるで天敵に食べられるのを望んでいるかのように、林のまわりの目立つところに出てきている成虫が見つかることがある。ナナフシのなかまは、鳥に食べられることによって、すむ場所をひろげているという説がある。卵は丈夫にできているので、鳥に食べられても消化されずにふんとともに排出され、メスがいた場所とは遠くはなれたところで、幼虫がふ化して育つことができるかもしれないのだ。

見つけるコツ

あたたかい地域の、渓流ぞいや海の近くの林でよく見られ、カシやシイ、シダ植物などがはえた、ややうす暗い雑木林で見つかる。林縁の樹木の枝や幹にとまっていたり、地表にひそんでいたりするが、周囲にうまくまぎれているので見つけにくい。秋の終わりごろになると、林のまわりの路上や柵の上などに出てきて、目立っていることがある。

擬態シーン2 幼虫　樹木の幹

木の幹にいた幼虫。この個体は上半身が緑がかっていて、コケがはえた樹皮にうまくとけこんでいる。

擬態ファイル 89

触角をのばし、あしをすぼめて葉に変身！
アオマツムシ
Truljalia hibinonis

紡錘形で、メスはとくに葉によく似ている。あしをすぼめて樹上の葉にとまっているとわかりにくい。中国から侵入した外来種。

分類	バッタ目マツムシ科
全長	22mm前後
見られる地域	本州・四国・九州（すべて外来）
見られる時期	（幼虫）6-8月（成虫）8-11月

ほら、すぐそこにいるよ。

Q アオマツムシはどこにいるでしょう？

答えは次のページ GO!

サクラの葉にとまっているメスの成虫。紡錘形で、葉に似た形をしている上に、触角をそろえて前にのばし、あしをすぼめているので目立たない。翅脈は規則的な細かいあみ目もようで、葉脈に似ている。

クワの葉にとまっているオスの成虫。「フィリリリリ…」とかん高い声で鳴く。その音を出すために、前ばねの翅脈が複雑になっていて、メスほどは葉に似ていない。

擬態シーン 成虫・幼虫

A ここにいるよ！

エノキの葉にとまるメスの成虫。

広葉樹の葉

ネムノキの葉にとまっているオスの終齢幼虫。触角をそろえて葉軸の上に重ね、あしをすぼめて身をかくそうとしている。17mmぐらい。

まちなかの公園や街路樹、校庭などでよく見られる。成虫は、9月から10月ごろに数がふえる。メスは、昼間に、樹木の葉の上にどうどうととまっているが、葉によく似ているので見のがさないようにしよう。オスは、おもに夜に鳴くが、秋の後半になると、明るいうちから鳴くようになるので、鳴き声をたよりにさがしてみよう。

見つけるコツ

擬態ファイル 90

草になりすますキリギリスの王様
カヤキリ

Pseudorhynchus japonicus

大きなキリギリスのなかま。植物の茎に下向きにとまると、草の一部のように見える。つかまえると、すごい形相でかみつこうとする。

分類	バッタ目キリギリス科	全長	63-67mm
見られる地域	本州・四国・九州
見られる時期	（成虫）7-9月

河川敷にはえたヨシの上部にとまっているメスの成虫。昼間は、植物の葉や茎にまぎれて身をかくしていて、夜になると活発に動きだす。

擬態シーン **成虫**

草の葉

メスを、とまっているヨシごと近くにひきよせてみたが、よっぽど擬態に自信があるのか、それとも眠いのか、なかなか動こうとしない。前ばねの先や産卵管が、植物の新しい葉が出てきているところに似ていて、茎に下向きにとまると目立たない。

つかまえて、顔を見てみると、大あごでかみつこうとする。気性があらく、注意が必要だ。

夜に、人家の明かりに飛んできたオス。オスは、メスをよぶために、背の高い草の上部にのぼって、「ジャー」と大きな声で鳴きつづける。

見つけるコツ

成虫は、真夏に多くなるが、見られる地域はかぎられる。河川敷などの自然がよく残っている場所で、ススキ、オギ、ヨシなどの大型のイネ科植物がたくさんはえている草地を見つけてさがしてみよう。夜行性で、昼間は草の茎にとまって休んでいるが、たいていは、下向きにとまっているので、そのすがたをイメージしながらさがしてみよう。

擬態ファイル 91

ストレッチしながらかくれんぼ
セスジツユムシ

Ducetia japonica

背中に筋があるツユムシのなかま。下半身をななめにもちあげたり、あしを思いきりのばしたり、独特のポーズで身をかくしている。

分類	バッタ目ツユムシ科	全長	33-47mm
見られる地域	本州・四国・九州・南西諸島
見られる時期	(幼虫)6-8月 (成虫)8-11月

ササの葉にとまっている緑色型のオスの成虫。背中に筋があることが名前の由来。懸命にあしをのばして、平らになっているので、虫のすがたがわかりにくい。背中のこげ茶色の筋は、葉のいたんだ部分のように見える。

草の葉

緑色型のメスの背中の筋は白い。

擬態シーン 成虫・幼虫

シダにとまっている褐色型のメス。メスの背中の筋の色はうすい。はなれたところから見ると、枯れ葉がひっかかっているように見える。

枯れ葉

ススキの葉にとまっている褐色型のオス。先が細くなったはねをななめに上げてとまっていて、枯れた葉のように見える。

緑色型の幼虫。触角とあしを、葉にくっつけるようにしてのばしている。

成虫は9〜10月に多い。自然豊かな公園や里山、河川敷などに広く生息し、林縁の樹木の小枝や、下草にとまっているのがよく見つかる。人の気配を感じると、おしりを上げたり、あしをのばしたりして、擬態モードに入るので見のがさないようにしよう。緑色型のオス、褐色型のオス、緑色型のメス、褐色型のメスという4つのパターンをぜんぶ見つけて、すがたのちがいをたしかめてみるのも楽しい。

見つけるコツ

擬態ファイル 92

木から木へ飛びうつる葉っぱ

サトクダマキモドキ

Holochlora japonica

分類	バッタ目ツユムシ科	全長	46-62mm
見られる地域	本州・四国・九州		
見られる時期	（幼虫）5-8月 （成虫）8-11月		

成虫は、葉にそっくりなはねをもち、木の高いところにひそんでいる。幼虫は、長いあしをいかして、植物にうまくまぎれている。

コナラの枝先にとまるメスの成虫。触角を下げて、目立たないようにしている。はねが広葉樹の葉にそっくりで見つけにくい。飛ぶのが得意で、人が近づくと、ハタハタとはねをはばたかせて、別の木に飛んでいってしまう。オスは、「チ・チ・チ・チ」と鳴く。

広葉樹の葉

エノキの小枝にひそんでいるメスの終齢幼虫。胴体は葉に、あしは枝に似ていて見つけにくい。20mmぐらい。

擬態シーン　成虫・幼虫

針葉樹の葉

マツにひそんでいるオスの終齢幼虫。のばしたあしが、マツの葉に似ている。

サクラの葉にとまる若齢幼虫。細長いあしをひろげてとまっていると、葉にとけこんで目立たない。7mmぐらい。

自然豊かな公園や里山の林縁でよく見られ、住宅地周辺の緑地などにも生息している。たいていは樹木の高いところにとまっていて目につきにくいが、人が近づくと、はねをひろげて別の木に飛んでいくので気づくことができる。たまに、観察しやすい低いところにとまる場合もあるので、そんなチャンスを逃さないようにしよう。葉に似ていて見つけにくいが、大きい虫なので、落ちついてさがせば発見できる。

見つけるコツ

擬態ファイル 93

葉っぱが葉っぱをおんぶ？

オンブバッタ

Atractomorpha lata

身近な自然でもたくさん見つかる、おなじみのバッタ。見なれているのでわすれがちだが、イネ科植物の葉にそっくりなすごい形をしている。

分類	バッタ目オンブバッタ科	全長	♂20-25mm ♀40-42mm
見られる地域	北海道・本州・四国・九州・南西諸島
見られる時期	(幼虫)5-12月 (成虫)6-翌1月

草の葉

シバのはえた地表にとまる緑色型のメスの成虫。頭部の先とはねの先がとがっていて、イネ科植物の葉によくまぎれる。

枯れ葉

空き地の片すみにいた緑色型のメスと褐色型のオスのペア。ちがう色の個体どうしがペアになっている場合も、うまくまわりにとけこんでいて目立たない。オスはメスよりもかなり小さく、まるで、メスが子どもをおんぶしているように見えるので、オンブバッタという名前がつけられた。

枯れ葉の積もった地表にいた褐色型のメスの成虫。

擬態シーン 成虫・幼虫

アサガオの葉にとまる2匹の幼虫。右の個体は9mmぐらい。葉にあいたあなは幼虫の食べあと。じっととまっていると葉と同じ色で見つけにくい。

まちなかの公園や人家の庭など、身近な自然でもよく見られる。背の低い草がはえた場所をさがすと見つかりやすい。緑色や褐色のほか、ピンクがかったものや、緑色と褐色がまざったものもいるので、さまざまな色の個体をさがしてみよう。ペアになっているオスとメスの色の組み合わせをたしかめるのも楽しい。庭先のハーブやアサガオで発生していることもあり、そういう場所では、小さな幼虫も観察しやすい。

見つけるコツ

擬態ファイル 94

葉っぱに化ける巨大バッタ

ショウリョウバッタ

Acrida cinerea

頭のとがった大きなバッタ。イネ科植物の葉にそっくり。じっとしていたら見つからないのに、すぐに逃げるので正体がばれてしまう。

分類	バッタ目バッタ科
全長	♂40-50mm ♀75-80mm
見られる地域	本州・四国・九州・南西諸島
見られる時期	(幼虫)5-8月 (成虫)6-12月

緑色型かな。褐色型かな。

Q ショウリョウバッタはどこにいるでしょう?

答えは次のページ GO!

体の色わけも、うまくできているね。

イネ科植物のはえた草むらにとまる緑色型のオスの成虫。とがった頭部と細長い体が、葉にそっくり。茶色いあしと触角がまわりにとけこんで、バッタの形がわかりにくい。

草の葉

緑色と褐色がまざったタイプのメスの成虫。メスはオスよりも大きくて迫力があり、まるで別の種のよう。

擬態シーン　成虫・幼虫

背中に茶色の筋があるタイプの亜終齢幼虫。ふちが変色した葉に似ている。

灰褐色のメスの終齢幼虫。60mmぐらい。枯れてかわいた葉によく似ている。

枯れ葉

A ここにいるよ！

枯れたイネ科植物にとまる褐色型のオスの成虫。

まちなかの公園や、校庭、空き地、川原などの、開けた草むらでよく見られる。人の気配に敏感で、すぐに、ジャンプしたり、飛んで逃げたりするので、着地した場所をおぼえておいて、そっと近づこう。オスとメスで大きさがかなりちがい、それぞれにさまざまな色の個体がいるので、たくさん見つけて見くらべてみよう。夏の前半には、幼虫と成虫がまざって見つかる。

見つけるコツ

擬態ファイル 95

一瞬ですがたを消す草むらの忍者

ショウリョウバッタモドキ

Gonista bicolor

ショウリョウバッタに似ているが、小さくてあしが短い。草原の長い葉にとまって身をかくしている。敵が近づくとすばやく葉の裏に回りこむ。

分類	バッタ目バッタ科	全長	♂27-35mm ♀45-57mm
見られる地域	本州・四国・九州・南西諸島		
見られる時期	（幼虫）6-8月 （成虫）7-11月		

枯れかかったイネ科植物の葉にとまるメスの成虫。背中が褐色〜紅色のセスジ型とよばれるタイプ。敵の気配を察すると、まるで忍者屋敷のどんでん返しのように、すばやく葉の裏側に回りこんで、身をかくしてしまう。

擬態シーン **成虫・幼虫**

草の葉

緑色型のメスの成虫。

イネ科植物にそっくりだね。

成虫は、9〜10月ごろに、イネ科植物がたくさんはえた草原でよく見られる。草原の中の、ややしめった場所にとくに多く、ススキやチガヤの長い葉にそうようにとまっている。人の気配を察すると、すぐに葉の裏側に回りこんでかくれてしまうが、虫がかくれた側にそっと手をのばすと、また表側にもどってくる。二人がかりで、虫をはさみうちするように両側から近づくと、葉の表と裏を何度も行ったり来たりするようすが観察できる。

見つけるコツ

ススキの葉にぴったり寄りそいながら食事をする亜終齢幼虫。20mmぐらい。

食事中に敵の気配を察し、食べるのをやめて身をひそめたところ。しばらくじっとしていて、「だいじょうぶかな?」と思ったら、また食べはじめる。

コラム 14
長いもののかくしかた

長い触角をもっている虫は、まわりで起こっていることを感じとりやすい。また、長いあしをもっていると、すばやく移動できるし、天敵におそわれたときにあしだけを切って逃げることもできる。そのいっぽうで、天敵から身をかくすときには、体から長いものがはえていると見つかりやすくなってしまう。長い触角やあしがなるべく目立たないよう、涙ぐましい努力をしている虫たちを紹介しよう。

ナナフシの幼虫（→p.248）
（ナナフシ科）

あしや体が葉のふちからはみ出さないようにがんばっているので、反対側からだと、何もいないように見える。

コロギスの幼虫
（コロギス科）

左の触角は真上に、右の触角は真下にのばしている。自分の場所から上のほうで起こることも、下のほうで起こることも、両方とも感じとることができるかしこいかくれかただ。

ユウレイガガンボの一種
（ガガンボ科）

細長いあしをそろえ、たれさがるようにしてとまるので目立たない。クモの糸にひっかかった虫のようにも見える。

サトクダマキモドキの幼虫（→p.257）
（ツユムシ科）

長い後ろあしをのばして葉の葉脈にそわせ、触角は思いきり下げて葉の裏側にかくしている。

アシナガグモの一種
（アシナガグモ科）

自分の体と同じ太さの葉にとまり、あしを思いきりのばして、葉と一体化している。

みんな、見つからないようがんばっているね！

擬態ファイル 96

砂浜にひそむ透明バッタ？

ヤマトマダラバッタ

Epacromius japonicus

大きな砂浜で見られる、砂の色によく似たバッタ。砂の上にとまっていると気づくことができず、とつぜん、足元から飛びたっておどろかされる。

分類	バッタ目バッタ科
全長	♂26-30mm ♀30-40mm
見られる地域	北海道・本州・四国・九州
見られる時期	(幼虫)5-8月 (成虫)7-10月

飛びたつ前に見つけられるかな？

Q ヤマトマダラバッタはどこにいるでしょう？

答えは次のページ GO!

オスの成虫。メスよりもひとまわり小さい。成虫の茶色いはねは、枯れた植物の葉に似ている。

地面や石

砂浜にいたメスの成虫。体に細かな斑紋があり、砂の上にとまっていると、透明のバッタかと思うほど、うまく背景にとけこんでしまう。

擬態シーン　成虫・幼虫

砂の上にとまる終齢幼虫。20mmぐらい。小さくて見つけにくいが、人が近づくとよくはねまわるので、いることがばれてしまう。

A ここにいるよ！

砂浜の地表にひそむ成虫。

見つけるコツ

どこにでもいる種ではなく、生息場所はかぎられる。真夏～秋のはじめのころ、自然がよく残った大きな砂浜の、海岸植物がまばらにはえたあたりをさがすと見つかることがある。砂の上にとまっているところを直接見つけるのは不可能に近いが、成虫は、人が近づくと飛んで逃げるので、着地したところをおぼえておいて、静かに近づくとよい。幼虫は、はねが短く、おどろいてもジャンプするだけなので、成虫より見つけやすい。夏の砂浜は暑いので、熱中症に気をつけて観察しよう。

擬態ファイル 97

小石にまぎれ、青いはねで飛んでいく
カワラバッタ

Eusphingonotus japonicus

大きな川の河川敷にすむバッタ。小石が多い川原にとまっていると、どこにいるのかわかりにくい。青色の美しい後ろばねをもつ。

分類	バッタ目バッタ科
全長	♂25-30mm ♀40-43mm
見られる地域	北海道・本州・四国・九州
見られる時期	(成虫)7-11月

うまく小石にまぎれているよ。

Q カワラバッタはどこにいるでしょう？

答えは次のページ GO!

川原にいたペア。左がオスで、右がメス。前ばねに黒っぽい帯と白っぽい帯がある。とまっているときには、その帯が、後ろあしの同じ色の部分とつながって、小石の多い地表にとけこんで見つけにくい。

オスをつかまえて、はねをひろげてみたところ。後ろばねは、コバルトブルーで、黒い帯があり美しい。はねの青色が目立つので、飛んでいるすがただけでほかのバッタと見わけることができる。

地面や石

A ここにいるよ！

小石におおわれた川原にひそむ成虫。

擬態シーン 成虫

オスの成虫。ほかのバッタとくらべて、はねが長く、後ろあしが短い。広い川原をとびまわるのに適した体つきをしている。

大きな川の中流域の河川敷で見られるが、生息場所はかぎられる。あまり草がはえていない、小石だらけの広い川原を歩きまわると、人の気配におどろいて飛びたつ個体が発見できる。かなり遠くまで飛んでしまうことが多いが、着地した場所をしっかりおぼえておいて、慎重に近づこう。地面にいる個体は、近くに敵がいないと、けっこう活発に動きまわるので、双眼鏡で観察するのも楽しい。

見つけるコツ

擬態ファイル 98

土のかたまりが動いてびっくり！
イボバッタ

Trilophidia japonica

色も質感も、土にそっくりなバッタ。まるで、土のかたまりが命をふきこまれたかのよう。背中には、イボ状の小さな突起がならんでいる。

分類	バッタ目バッタ科
全長	♂24mm前後 ♀29-35mm
見られる地域	本州・四国・九州
見られる時期	（成虫）7-12月

擬態シーン **成虫**

石の質感にそっくりだ！

前から見た成虫。石にぴったりとはりついて身をかくしている。

地面や石

どろがこびりついた石にとまる成虫。全身に細かなまだらもようがあり、まわりによくとけこんでいる。胸部の背中側に、イボのような小さな突起がならんでいることから、この名がつけられた。

枯れた草がしきつめられた地面にとまる成虫。

8～9月に数が多くなる。畑のまわり、公園、空き地などの、かわいた地面でよく見られるが、土にそっくりなので見つけにくい。人の気配を感じるとすぐにとんで逃げるが、着地した場所はわかっているのに、なかなか発見できないことが多い。何回も逃げられているうちに、だんだん目が慣れてきて見つけられるようになるので、根気よく追いかけよう。

見つけるコツ

擬態ファイル 99

枯れ野にまぎれるつまようじ

ホソミオツネントンボ

Indolestes peregrinus

トンボにはめずらしく、成虫で冬をこす。冬のあいだはうすい褐色で、枯れた植物にまぎれて見つけにくい。あたたかくなると美しい青色にかわる。

分類	トンボ目アオイトトンボ科	体長	35-42mm
見られる地域	本州・四国・九州		
見られる時期	（成虫）1年じゅう		

擬態シーン 成虫

枯れ枝

冬ごしをするオスの成虫。越冬中の個体は、うすい褐色で、枯れた植物にまぎれて見つけにくい。あたたかい日にはゆっくりと飛ぶことがあり、まるで、空飛ぶつまようじのように見える。

春先に見つかったオス。気温が上がってあたたかくなると、体の色が青みを帯びてくる。一度青くなったあとも、気温が下がるとまた褐色にもどることがある。

春がきて、美しい青色にかわったオス。複眼も、宝石のように美しく色づく。オスは、どの個体も青く色づくが、メスには、青くなるタイプと、春がきても褐色のままのタイプがいる。

あさい池のほとりのイネ科植物の葉にとまるペア。上がオスで、下がメス。メスは、おしりを曲げて、葉に卵をうみつけている。オスは、メスの首の部分を、おしりの先でつかまえている。

越冬している個体は、水辺ではなく、雑木林の林縁や林内にひそんでいる。小枝などにじっととまったままなので、見つけるのはむずかしい。冬の後半の、晴れたあたたかい日に、雑木林のそばを歩くと、低いところにある小枝や下草のあいだを、すべるように飛んでいるのが見つかる。飛ぶスピードはおそく、すぐに近くにとまることが多いので、あわてずにそっと追いかけよう。

見つけるコツ

擬態ファイル 100

川底にひそむ落ち葉型のヤゴ

コオニヤンマ

Sieboldius albardae

幼虫（ヤゴ）は、体のはばが広くて、うすっぺらく、まるで落ち葉のようなすがた。幼虫も成虫も、そろって後ろあしだけが長い。

分類	トンボ目サナエトンボ科	体長	75-93mm
見られる地域	北海道・本州・四国・九州・種子島・屋久島		
見られる時期	（幼虫）1年じゅう（成虫）5-9月		

擬態シーン 幼虫／枯れ葉

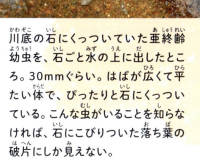

小川の岸辺にはえた植物の根につかまる亜終齢幼虫。後ろあしが長いのが特徴。

川底の石にくっついていた亜終齢幼虫を、石ごと水の上に出したところ。30mmぐらい。はばが広くて平たい体で、ぴったりと石にくっついている。こんな虫がいることを知らなければ、石にこびりついた落ち葉の破片にしか見えない。

さまざまな色の中齢幼虫。10mmぐらい。水底にしずんでいる落ち葉の色がさまざまであるように、幼虫たちの体色にも個性がある。

葉の上にとまるメスの成虫。成虫も幼虫と同じく、後ろあしが長い。

見つけるコツ

幼虫は、川の上流～中流で見られ、ゆるやかな流れの川底や、川岸にはえた植物の根際、川底にたまった落ち葉の下などにひそんでいる。水の上からは見つけにくいので、あみで、川岸の植物の根際や、落ち葉の下をすくってつかまえてみよう。運がよければ、川底をゆっくりと歩いている幼虫を発見できることもある。水辺は危険なので、必ず、大人といっしょに観察しよう。

擬態ファイル 101 クモ

クモを待ちぶせている松葉

オナガグモ

Ariamnes cylindrogaster

腹部がとても細長く、体とあしをまっすぐにのばしていると、まるで松葉のように見える。ほかのクモをとらえて食べてしまう。

分類	クモ目ヒメグモ科	体長	♂12-25mm ♀20-30mm
見られる地域	本州・四国・九州・南西諸島		
見られる時期	(幼体)10-翌5月 (成体)5-8月		

手すりに数本の糸を引いただけのかんたんなあみを張り、あしをまっすぐにのばして静止している幼体。10mmぐらい。クモの糸に引っかかった小さな松葉にしか見えない。オナガグモのあみの糸には、ねばりけがなく、糸を伝って歩いてきたほかのクモに、ねばりけのある糸を投げつけてとらえる。

擬態シーン　幼体・成体

針葉樹の葉

腹部を曲げている緑色型のメスの成体。腹部はとても長く、自由に曲げることができる。

糸いぼ※から糸を出して、卵のうを補強している。オナガグモの糸いぼは、腹部のかなり上のほうにある。

※クモの腹部にある糸を出すための器官。

卵のうのそばで静止する褐色型のメス。

愛おしそうに卵のうにふれるメス。

母の愛！

自然豊かな公園や里山の林縁などで見られる。個体数は少なくないが、いつも体をまっすぐにしていて松葉にそっくりなので、かなり見つけにくい。柵であみを張っていることもあるので、柵に不自然にくっついている松葉を見つけたら、少し刺激をあたえて、クモかどうかたしかめてみよう。卵のうは、独特の形をしていて、目につきやすい。もし、卵のうが見つかったら、近くにメスがひそんでいる可能性が高い。

見つけるコツ

擬態ファイル 102 クモ

ごみの中にひそむクモ

ゴミグモ

Cyclosa octotuberculata

巣の真ん中にごみのかたまりをくっつけて、その中にひそんでいる。あみにえものが引っかかると、正体をあらわし、とらえて食べてしまう。

分類	クモ目コガネグモ科	体長	♂7-10mm ♀10-15mm
見られる地域	本州・四国・九州		
見られる時期	(幼体)7-翌4月 (成体)4-8月		

擬態シーン1 成体

ごみに擬態！

あみの中央に、食べかす、脱皮がら、木くずなどを集めたごみのかたまりをつくり、その中にひそんでいるメスの成体。ごみの内部には、卵のうもかくされている。このごみのかたまりは、「ごみリボン」とよばれ、あみを新しく張りかえるときには、そっくりこのまま移しかえて再利用する。

ならべられた卵のうがよくわかる巣。

葉の裏側にいたオスの成体。ごみのついた巣はつくらず、横糸のないかんたんなあみを張る。

つかまえたコメツキムシのなかまを食べているメス。あしをひろげているので、すがたがわかりやすい。

メスがひそんでいる「ごみリボン」のついたあみは、6～8月ごろによく見つかる。人家の庭や校庭の片すみ、公園の手すり、建物の柵など、あらゆるところで巣をつくっているので見つけやすい。大きくなったごみリボンの中には、卵のうをいくつもかくしていることがあるので、たしかめてみよう。越冬している幼体は、コナラやクヌギの冬芽をさがすと見つかるが、思ったより数が少なくて見つけにくいので、根気よくさがそう。

擬態シーン2 幼体

コナラの枝先で、冬芽になりすましながら越冬する幼体。

樹木の芽

擬態ファイル 103　クモ

おむすび型のテントウムシの正体は……

アカイロトリノフンダマシ

Cyrtarachne yunoharuensis

テントウムシによく似た、おむすびのような形のクモ。昼間は葉の裏にひそみ、夜になるとあみを張って、ガのなかまをつかまえる。

分類	クモ目コガネグモ科	体長	♂1.5-2mm ♀4.5-7mm
見られる地域	本州・四国・九州
見られる時期	(成体)7-9月

擬態シーン　成体

ススキの葉にとまるメスの成体。腹部がおむすびのような形をしていて、白い斑紋があり、テントウムシのなかまに似ている。昼間は草や木の葉の裏にとまって休んでいる。暗くなると動きはじめ、あみを張って、ガなどをとらえて食べる。オスは、メスよりもかなり小さく、赤褐色で斑紋がない。同じなかまの別の種類が鳥のふんに似ている（→p.68）ので「トリノフンダマシ」という名前がついている。

あしをひろげているメス。ほかのクモにくらべてあしが短く、テントウムシになりすますのに適している。

テントウムシ

黒色型のメス。これでテントウムシと思ってもらえるの？と少し心配になるが、モデルのテントウムシにも、ちゃんと黒っぽいタイプがいる。

見つけるコツ

関東以西の里山や山地の草原などで見られる。目立つすがたをしているが、数が少なく、草や木の葉の裏にじっとひそんでいるので見つけにくい。ややしめった場所にはえているススキの葉を根気よく裏がえしつづけると、見つかることがある。運がいいと、別の虫をさがして樹木の葉をめくっているときにとつぜん出会えることがある。人に見つかってもあまり動かないので、発見することさえできたら、じっくり観察できる。

モデル

シロジュウシホシテントウ（基本型）

シロジュウシホシテントウ（暗色型）

擬態ファイル 104 **クモ**

食いしんぼうの働きアリ？

アリグモ

Myrmarachne japonica

アリによく似たハエトリグモのなかま。とらえたえものを巣に運ばずに、自分でムシャムシャと食べてしまうので、正体がばれる。

分類	クモ目ハエトリグモ科
体長	♂5-6mm（上あごを含めると、8-9mm）♀7-8mm
見られる地域	北海道・本州・四国・九州・南西諸島
見られる時期	（成体）6-8月

擬態シーン **成体**

カメラのレンズを見上げるメス。真ん丸の大きな目がならんでいて、アリではなくクモであることがわかる。

アリ

葉の上にいたメスの成体。あみは張らず、歩きまわってえものをとらえる。前にのばした一番前のあし（第1脚）がまるでアリの触角のように見えるとともに、ほんとうは4対あるあしが、昆虫と同じ3対であるように見える。また、頭胸部の中ほどの側面には白い線があり、アリと同じように、頭部と胸部が分かれているように見える。

オスの成体は、上あごが大きくて、メスほどはアリに似ていないが、大あごにえものをくわえたアリに擬態しているという説もある。

カゲロウのなかまをつかまえたメス。一見、えものを巣に運ぼうとしているアリのように見えるが、その場でムシャムシャと食べてしまうので、ニセモノであることがわかる。

モデル

ゴミムシのなかまを巣に運ぶクロヤマアリ。

見つけるコツ

庭先、公園、校庭など、人家の周辺でもよく見られるのでさがしやすい。木や草の上を歩きまわっていることが多く、手すりでもよく見つかる。見た目はアリにそっくりだが、下に移動するときにおしりから糸を出したり、あわてて逃げるときに小さくジャンプしたりするので、クモであることがわかる。同じなかまのよく似た別種（よりスマートなヤサアリグモ、体の中央が赤っぽいヤガタアリグモなど）も、同じような場所で見つかるので、種類を見わけながら観察してみよう。

用語解説

亜終齢幼虫
終齢のひとつ手前の齢の幼虫。

威嚇
攻撃するふりをしたり、相手がおどろくようなすがたを見せることによって、天敵から身を守ったり、自分のなわばりを守ったりすること。

囲蛹
幼虫の外皮がかたくなり、その内側で蛹になった状態。ハエ目やネジレバネ目で見られる。

隠ぺい色
自分のすがたをかくして、天敵から自分の身を守ったり、えものに気づかれずにまちぶせしたりする効果のある体色のこと。保護色ともいう。

羽化
昆虫の幼虫や蛹が最後の脱皮をして、成虫になること。

上ばね
コウチュウ目の、さや状になったかたい前ばね。

外来種
人間が移動させたり、人間がはこぶもの（植物など）についてきたりして、以前はいなかった地域に侵入してふえた生きもののこと。

下唇鬚
口器の一部。チョウ目では鼻のように見える。においを感じる役割などがあるとされる。「かしんひげ」とも読む。

花穂
長い花の軸に、たくさんの柄のない小さな花が穂のようについているもののこと。

眼状紋
動物が体の一部にもつ目のようなもよう。眼状紋には、種をこえて恐怖心をあたえる効果があるとされる。

擬死
刺激を受けたり、危険を感じたりしたときに、まるで死んだように動かなくなること。死んだふりをすること。

寄生
別の種類の生きものがいっしょに生活するうえで、一方が利益をえて、もう一方が害をこうむるような関係のこと。

気門
呼吸をするために、体の表面にあいている小さなあな。

胸脚
チョウ目の幼虫などの、胸部にある3対のあし。

携帯巣
生きものがつくる巣のひとつ。1か所に固定されておらず、巣の中にいる生きものが、外に頭部やあしだけを出して、自由にもちはこぶことができる。

口吻
前方につきでた形の口器。チョウ目やゾウムシのなかまなどで見られる。

広葉樹
サクラ、クヌギ、カエデなど、広くて平らになっている葉をもつ樹木の総称。

栽培種
もともと野生だった植物を人間が改良し、栽培に適した性質になった植物のこと。

翅脈
昆虫のはね全体に走っている筋。はねの膜をささえるはたらきがある。羽化のときには翅脈に体液を流してはねをひろげる。

若齢幼虫
1齢や2齢など、まだあまり育っていない若い幼虫。

終齢幼虫
幼虫としての最後の齢にまで育った幼虫。

食痕
木の葉についたかじりあとなど、生きものが何かを食べたときに残された痕跡のこと。

針葉樹
マツ、モミ、スギなど、針状や鱗片状の細くてかたい葉をもつ樹木の総称。

前胸
昆虫の胸部のうち、前あしがついている部分。コウチュウ目などではよく目立つ。

占有行動
動物がなわばり（テリトリー）をつくって、ある場所をひとりじめすること。なわばり行動ともいう。

退化
生きものが進化するうえで、体の一部が小さくなったり、機能がおとろえたりすること。

ビロードスズメ(p.150)の終齢幼虫 — 眼状紋、気門、尾角、胸脚、腹脚、尾脚

テングチョウ(p.130) — 口吻、下唇鬚、翅脈

アカシジミ(p.129) — 尾状突起

脱皮
動物が成長して大きくなるたびに、皮（外骨格）をつくりなおし、古い皮をすてること。

地衣類
藻類と共生することによって、特殊な体をつくっている菌類。藻類は光合成をおこなって栄養を菌類にあたえ、菌類はすみかと水を藻類にあたえる。

中齢幼虫
若齢幼虫と老齢幼虫のあいだ。

天敵
自然界で、その生きものの敵となる生きもののこと。つかまって食べられてしまう場合や、寄生される場合がある。

毒針毛
内部に毒液が入っている毛。肉眼では見えないほど短い。動物の皮膚にささると毒が注入され、かゆみや炎症をひきおこす。

トリックアート
目の錯覚を利用して、平面を立体的に見せるなど、ふしぎな感覚をもたらすアートのこと。「だまし絵」ともいう。

尾角
チョウ目の幼虫の、腹部の後ろのほうの背面にはえている突起。

尾脚
チョウ目の幼虫などの、腹部の一番後ろにある肉質のあし。腹脚の一部。

尾状突起
チョウ目の成虫の後ろばねの一部が尾のようにのびている部分。アゲハチョウやシジミチョウのなかまによく見られる。

ふ化
卵から幼虫がかえること。

腹脚
チョウ目の幼虫などで、腹部にある肉質のあし。

冬芽
冬のあいだは成長や活動をやめて、春になると成長を始める樹木の芽。「とうが」とも読む。

分断色
目立つ色でぬりわけられていて、全体のすがたがわかりにくくなっている体のもようのこと。

平均棍
ハエ目の後ろばねが小さくなり、小さな棍棒のような状態になったもの。飛ぶときに、体のバランスをたもつのに使われている。

変異
同じ種類の生きもので体の特徴にちがいがあらわれること。

まゆ
幼虫が蛹になる前に、糸や毛などを用いてつくる部屋のこと。蛹室の一種。

眠
次の齢への脱皮が近づいた幼虫が、じっとして動かなくなった状態。

虫こぶ
昆虫やダニなどが寄生することによって、植物の体が反応し、ふくれるなどの異常な成長をしてできるもの。虫えいともよばれる。

葉柄
葉の本体の部分と茎（枝）のあいだにあり、葉をささえる部分。

葉脈
葉の表面に見える筋。内側に、水や栄養を運ぶ管が通っている。中央の太い葉脈を主脈（または中脈）、枝わかれした細い葉脈を側脈という。

卵のう
動物の卵をつつむふくろ状のもの。卵を外敵から守ったり、寒さや乾燥をふせいだりする役割がある。卵しょうともよばれる。

林縁
林の中と外の境界部分。林縁には日がよく当たるため、林の中とはちがった植物が見られ、林の中と林縁とで見られる昆虫もことなる。

老熟幼虫
蛹になる時期が近づき、えさを食べなくなった終齢幼虫。

老齢幼虫
亜終齢幼虫や終齢幼虫など、大きく育った幼虫。

オジロアシナガゾウムシ(p.70)
上ばね／前胸／口吻

ハチモドキハナアブ(p.221)

平均棍

ユズの葉
食痕／葉柄／主脈（中脈）／側脈／葉脈

さくいん

あ

アオイトトンボ科	268
アオスジアゲハ	79
アオダイショウ	108
アオバセセリ	94,199
アオバハゴロモ	65,**237**
アオバハゴロモ科	65,237
アオマツムシ	14,**253**
アオモンイトトンボ	89
アオモンツノカメムシ	25
アカイロトリノフンダマシ	95,**272**
アカウシアブ	81
アカエグリバ	7,47,**193**,195
アカギ	145
アカコブゾウムシ(アカコブコブゾウムシ)	31,**213**
アカシジミ	76,126,**129**,274
アカスジシロコケガ	79
アカハネムシ科	101
アカヒゲドクガ	103
アカマツ	33
アカメガシワ	132
アゲハチョウ科	15,68,76,104,108,118,120,121
アゲハモドキ	104,**158**
アゲハモドキガ科	104,158
アケビ	195,237
アケビコノハ	53,115,**195**
アサガオ	258
アザミ	120
アザミウマ目	11
アシナガグモ科	39,262
アズチグモ	29,79
アトヘリアオシャク	59
アナバチ科	88
アブ科	81
アブラムシ	72
アミガサハゴロモ	**238**
アミダテントウ	236
アミメカゲロウ目	11,17,64,83,224,225
アミメクサカゲロウ	17,**224**
アメバチ	88
アヤシラフクチバ	34
アラカシ	30,154,156,160,182,214,230,234
アリ科	90
アリグモ	91,**273**
アリヅカコオロギ	93
アリヅカコオロギ科	93
アリヅカムシ	92
アリバチ科	88
アワブキ	135〜137
アワフキムシ科	242
イシガケチョウ	15,67,**138**
イシノミ科	41
イシノミ目	11,41
イダテンチャタテ	62,**243**
イタドリ	251
イタドリハムシ	96
イチジク	194
イチモンジカメノコハムシ	70,73,**211**
イチモンジチョウ	110
イヌビワ	138
イネ科植物	20,46,55,255,258〜261,268
イボタガ	113
イボタガ科	113
イボタノキ	190
イボバッタ	**267**
囲蛹	32,274
イラガ	110
イラガ科	25,79,110
イラクサ	235
イワカワシジミ	76
隠ぺい擬態	**7**,9,14
羽化	125,128,158,159,211,228
ウコンカギバ	49
ウスアオリンガ	15
ウスイロオオエダシャク	58
ウスイロギンモンシャチホコ	27
ウスキエダシャク	24
ウスキツバメエダシャク	59,76
ウスギヌカギバ	**154**
ウズグモ科	61
ウスバカゲロウ科	64,225
ウスモンカレキゾウムシ	42
ウチスズメ	113
ウツギ	158
ウバタマムシ	10,42,**202**
ウメ	143
ウメノキゴケ	63
ウラギンシジミ	28
ウラジャノメ	126
ウラナミジャノメ	112
ウリキンウワバ	47
ウルシ	153
ウンモンスズメ	25
ウンモンツマキリアツバ	55
エグリエダシャク	52
エグリヅマエダシャク	52
エグリトビケラ	54,**217**
エグリトビケラ科	54,100,217
エダナナフシ	22,23,37,**249**,251
エノキ	130,205,254,257
エンマムシ科	92
オオアヤシャク	33,**167**
オオイシアブ	86
オオエグリシャチホコ	17,27,51
オオエグリバ	47
オオカマキリ	21
オオキノコムシ科	99
オオキンカメムシ	79
オオクワゴモドキ	50,**144**
オオゴキブリ科	49
オオコブガ	72
オオゴマダラエダシャク	108,116
オオスカシバ	17,87
オオスズメバチ	9,80,81
オオトモエ	56
オオハチモドキバエ	81
オオハナアブ	242
オオヒカゲ	126
オオフタオビドロバチ	84,142,206,221
オオフトメイガ	199
オオホソコバネカミキリ	88
オオマエグロメバエ	88,223
オオマダラカゲロウ	66
オオマツヨイグサ	150
オオマルハナバチ	86
オオモクメシャチホコ	242
オオモンクロクモバチ	88,218
オオモンツチバチ	89
オオヨツスジハナカミキリ	82
オカモトトゲエダシャク	69
オギ	255
オキナワマツカレハ	34
オサムシ科	67,92,200
オジロアシナガゾウムシ	70,275
オスグロハバチ	99
オトシブミ科	95
オドリハマキモドキ	107
オナガグモ	18,**270**
オニグルミ	172,173
オニヤンマ	66
オニヤンマ科	66
音響擬態	92
オンブバッタ	21,**258**
オンブバッタ科	21,258

か

カイガラムシ	72
カイコガ科	50,69,114,144
カエデ	133,134,144,162,178
化学擬態	92
カカトアルキ目	11
ガガンボ科	88,218,262
カキ	194
カギアツバ	17
カギシロスジアオシャク	32
カギノキ	184,206
カギバガ科	24,35,48,49,65,69,71,75,151,153〜155,157
カキバトモエ	44,**192**
カクムネベニボタル	101
カゲロウ	273
カゲロウ目	11
カシ	204,213,224,252
カジリムシ目	11,62,243
カシワマイマイ	103
下唇鬚	54,130,143,194,274
カスミカメムシ科	33
カタマルヒラアシキバチ	80
カッコウムシ科	98
カトウツケオグモ	68
カニグモ科	29,68,79
カバイロオオアカキリバ	199
カバマダラ	105,131
カマキリ科	21,52,245
カマキリ目	11,21,52,90,245,247
カマキリモドキ科	83
ガマズミ	206
カミキリムシ科	31,37,43,60,70,82,85,88,98,101,205〜207
カメノコテントウ	94
カメムシ科	95
カメムシ目	11,25,30,33,38,40,41,54,65,71,75,77,79,83,90,95,99,227,229〜231,233,235〜239,241
カヤキリ	10,20,**255**
カラスアゲハ	108
カラムシ	235,248
カレハガ	**143**
カレハガ科	34,44,102,143,154
ガロアムシ目	11
カワゲラ目	11
カワムラヒゲボソムシヒキ	81
カワラタケ	65,157,191
カワラバッタ	67,**265**
カワラハンミョウ	67,**200**
眼状紋	109,112〜116,120,122,126,129,140,146,150,194,195,201,274
キアゲハ	76,**120**
キアシナガバチ	89
キイチゴ類	157
キイロアシナガバチ	80
キイロスズメ	116
キイロスズメバチ	9,80,81,141
キエダシャク	36,**165**
キオビツチバチ	242
キオビミズメイガ	107
擬死	74
キシタエダシャク	182
キスジコヤガ	64,**187**
キスジトラカミキリ	85,**206**

寄生バエ	116	クワガタムシ科	74	サシガメ科	75,99
寄生バチ	99	クワコ	69,114	サツマスズメ	115
キタキチョウ	127	クワゴマダラヒトリ	23	サトイモ	150
キドクガ	102	携帯巣	73,208,274	サトクダマキモドキ	15,**257**,262
キノカワガ	7,44,**183**	ケバエ科	100	サトジガバチ	88
キハダカノコ	87	ケブカカスミカメ	33	サナエトンボ科	54,66,269
キハダケンモン	102	ケブカハチモドキハナアブ	85	サルトリイバラ	222
キバチ科	80	ゲホウグモ	61	サルノコシカケ	65,191
キバラケンモン	102	ゲンジボタル	98	サルノコシカケ科	191
キバラモクメキリガ	60	ケンモンキリガ	19	シイ	204,224,252
キボシアシナガバチ	241	ケンモンミドリキリガ	63	ジガバチ	88
キボシマルウンカ	8,75,95,**235**	ケンモンヤガ	102	シシウド	29,120,201
キボシルリハムシ	100	攻撃擬態（ベッカム型擬態）	**8**,9,28	シジミチョウ科	28,49,76,126,129
キマエアオシャク	26,33	コウスアオシャク	22	シダ	20,21,153,252,256
キマエコノハ	56	コウゾ	238	シダレヤナギ	176
キマダラルリツバメ	126	コウチュウ目	10,31,37,41〜43,60,67,	シデ類	180
キムネツツカッコウムシ	98		70,71,74,82,85,87,88,91,	シナヒラタハナバエ	223
キムネヒメコメツキモドキ	99		92,94〜101,110,115,	シバ	258
気門線	128		200〜203,205〜209,	シマアシブトハナアブ	223
キョウチクトウスズメ	114		211〜213,215	シマハナアブ	86
ギョボク	124,125	口吻	74,90,99,137,219,220,	シミ目	11
キリギリス科	20,55,255		235,240,241,274	翅脈	125,130,234,254,274
キンカメムシ科	79	コウヤボウキ	149	シャクガ科	7,15,22,24,26,31〜33,
ギンシャチホコ	27,111	コオニヤンマ	54,**269**		35,36,45,48,52,57〜59,69,
ギンモンカギバ	71,**153**	コカゲロウ科	242		74〜76,92,108,113,116,160,
ギンモンスズメモドキ	56	コガネグモ	32		161,163,165,167,169,182
クサカゲロウ科	17,72,224	コガネグモ科	32,61,68,79,95,271,272	ジャコウアゲハ	104,158
クサリヘビ科	108	コガネムシ科	87,115,201,242	シャチホコガ	51,102,103,**177**
クジャクチョウ	113	コカマキリ	8,52,**245**	シャチホコガ科	15,17,24,25,27,34,45,46,
クズ	28,29	ゴキブリ目	11,49		51,60,90,103,109,111,
クスサン	112	コクワガタ	74		171,174,175,177,179,
クチカクシゾウムシの一種	74	コシアカスカシバ	83,**141**		181,242
クチナシ	159	コシアキトンボ	242	ジュズヒゲムシ目	11
クチバスズメ	15	コシボソヤンマ	75	主脈（中脈）	16,17,27,124,125,129,132,
クツワムシ	53	コシロアシヒメハマキ	70		136,138,190,224,236,275
クヌギ	34,83,129,141,146,152,156,	コシロスジアオシャク	22	ジョウカイボン	98
	162,170,178,206,208,215,	コスカシバ	84	ジョウカイボン科	98
	216,221,230,232,234,238,271	コナラ	30,32,33,73,129,137,141,	ジョウザンナガハナアブ	81
クヌギカレハ	102		152,154,160,170,178,179,	ショウリョウバッタ	20,55,**259**,261
クビアカサシガメ	99		180,181,204,206,208,213,	ショウリョウバッタモドキ	20,**261**
クビアカトラカミキリ	88		214,216,229,230,232,234,	シラカシ	141
クビキリギス	55		238,257,271	シラホシコヤガ	64
クマシデ	212	コノハチョウ	46,**132**	シリアゲアリ	92,207
クマノミズキ	158	コブガ科	15,16,44,53,72,75,183,185	シリアゲムシ目	10
クモバチ	205	コブシ	33,167,168	シロアリモドキ目	11
クモバチ科	88	コブスジサビカミキリ	60	シロオビアゲハ	104,**118**
クモ目	10,18,29,32,39,61,68,	ゴマケンモン	63	シロオビアワフキ	242
	91,95,270〜273	コマダラウスバカゲロウ	8,64,**225**	シロオビドクガ	106
クリ	33,92,101,107,129,146,	ゴマダラオトシブミ	95	シロオビトリノフンダマシ	79
	152,154,156,178〜180,	コマダラゴキブリ	49	シロコブゾウムシ	74
	199,206,236〜238	コマダラチョウ	14,15	シロシタバ	63
クリベニトゲアシガ	101	ゴマフカミキリ	43,**207**	シロジュウシホシテントウ	94,97,236,272
クルミ	171,173	コマユバチ科	99	シロスジナガハナアブ	81,223
クロアゲハ	15,68,119,**121**	コマルハナバチ	86	シロチョウ科	50,109,124,127
クロオオアリ	93	ゴミグモ	32,**271**	シロフフユエダシャク	45
クロコノマチョウ	53,**139**	コミスジ	27	シンジュ	186
クロシタシャチホコ	45	コミミズク	7,30,38,**233**	シンジュキノカワガ	44,53,**185**
クロスジアオシャク	33,**169**	ゴミムシダマシ科	95	シンジュサン	79,109
クロスジホソサジヨコバイ	77	ごみリボン	271	スカエダシャク	48
クロスズメ	19,**147**	コメツキムシ	203,271	スカシカギバ	48,69,**155**
クロハナムグリ	242	コメツキムシ科	42,101,203	スカシバガ科	83,84,87,141,142
クロバネキノコバエ科	100	コロギス	262	スカシュリ	210
クロヒラタヨコバイ	71	コロギス科	262	スギ	19,47
クロボシツツハムシ	97	コンボウハバチ科	80,87	スギドクガ	19
クロボシヒラタシデムシ	99			スギバツリアブ	52,86,246
クロメンガタスズメ	79	さ		スジグロカバマダラ	105,131
クロモンアオシャク	15	サクラ	25,39,107,143,146,162,	ススキ	139,140,255,256,261,272
クロモンカギバ	75		178,191,196,206,	ススバネナガハナアブ	85
クロモンキリバエダシャク	74		208,228,230,243,	スズメガ科	15,17,19,25,51,79,87,
クロモンドクガ	103,106		244,250,254,257		108,109,113〜116,147,
クロヤマアリ	90,241,273	サクラケンモン	102		149,150
クワ	163,164,254	ササ	21,34,56,217,256	スズメバチ科	80,84
クワエダシャク	35,59,**163**	サザナミコヤガ	64	スミナガシ	14,27,50,**135**

277

スミレ	131
スモモ	194
セアカクロバネキノコバエ	100
セアカナガクチキムシ	101
セグロアシナガバチ	9
セグロシャチホコ	103,**174**
セスジスカシバ	83
セスジスズメ	114
セスジツユムシ	20,**256**
セセリチョウ科	94,199
セミ	227〜230
セミ科	40,227,229
センニンソウ	235
占有行動	120,132,274
ゾウムシ科	31,41,42,70,74, 212,213,215
側脈	17,275

た

タイコウチ	54,**239**
タイコウチ科	54,239
タカサゴツマキシャチホコ	34
タカサゴユリ	210
タケカレハ	34
脱皮	11,72,74,90,116,168,238, 250,271,275
タテジマカミキリ	37
タテハチョウ科	14,15,21,27,45,46,50,53, 67,105,110〜113,126, 130〜133,135,138,139
タテハモドキ	112
ダニ	212
タマムシ科	10,42,71,202
単為生殖	248,252
地衣類	8,43,62〜64,157,187,188, 225,226,229,243,244,275
チガヤ	261
チャドクガ	106
チョウセンツマキリアツバ	17,**189**
チョウ目	10,14〜17,19,21,22,24〜29, 31〜36,44〜55,58〜60, 63〜71,74〜77,83,84, 87,90,94,100〜106, 108〜115,118,120,121, 124,127,129〜133,135, 138,139,141〜147, 149〜151,153〜155, 157〜161,163,165,167, 169,171,174,175,177, 179,181,183,185,187, 189,191〜193,195〜197
ツタ	150
ツチバチ	89
ツチバチ科	89,242
ツチハンミョウ	91
ツチハンミョウ科	91
ツトガ科	107
ツノカメムシ科	25
ツノゼミ科	30,230
ツバキ	189,190
ツバメガ科	49,69,159
ツマオビアツバ	19
ツマキシャチホコ	60
ツマキホソハマキモドキ	77
ツマグロヒョウモン	105,111,**131**
ツマグロフトメイガ	73
ツマジロエダシャク	15
ツマジロクロハバチ	77
ツマジロシャチホコ	27,**179**
ツマベニチョウ	50,109,**124**
ツユムシ科	15,20,256,257,262
ツリアブ科	86,219
デガシラバエ科	81

テリハノイバラ	248
テングアツバ	54
テングチョウ	53,**130**,274
テントウダマシ科	96
テントウムシ科	94,110
テンナンショウ	150
トガリハチガタハバチ	80,**222**
ドクガ科	19,102,103,106,174,196
毒ケムシ	102,154,174,196
毒針毛	102,143,174,196,275
毒チョウ	104,118,121,131,158
毒トゲ	110
毒針	80,84,86,88〜90,99,199, 201,206,218,222,223
毒毛	34,102,104,106,154
トゲアシハバチ	69
トゲアリ	93
トゲアワフキムシ科	99
トゲサシガメ	75
トゲナナフシ	60,**252**
トゲムネアリバチ	88
トックリバチ	85
トビイロツノゼミ	30,**230**
トビイロトラガ	57
トビイロリンガ	16
トビケラ目	10,54,100,217
トビナナフシ科	21,22,37,60,249,252
トビモンオオエダシャク	35,45,92,**161**
トホシテントウ	110,235
トマト	194
トラハナムグリ	87,115,**201**
トラフカミキリ	82
トラフシジミ	126
トラマルハナバチ	86,87,201
トリノフンダマシ	68
トンボ科	242
トンボ目	11,54,66,75,268,269

な

ナカキシャチホコ	15
ナガクチキムシ科	101
ナカグロモクメシャチホコ	24,**175**
ナガサキアゲハ	15
ナカジロサビカミキリ	43
ナカジロハマキ	70
ナシケンモン	102
ナス	247
ナナフシ(ナナフシモドキ)	17,34,**248**〜252,262
ナナフシ科	17,21,22,37,60,248,249, 252
ナナフシ目	11,17,21,22,37,248,249, 252
ナナホシテントウ	94,97,199
ナミアゲハ	123
ナミテンアツバ	54
ナミテントウ	94,97
ナミヘビ科	108
ニイニイゼミ	40,**227**
肉角(臭角)	122
ニジュウヤホシテントウ	94,95
ニセクロホシテントウゴミムシダマシ	95
ニセマイコガ科	101
ニトベミノガ	32,72
ニホンビナナフシ	21
ニホンマムシ	108,150
ニホンミツバチ	86
ニワウルシ	186
ヌルデ	153,178,216
ネコハエトリ	107
ネジレバネ目	11
ネズミモチ	182
ネムノキ	127,128,192,254
ノイバラ	36,165,166,251
ノコギリヒラタカメムシ	41

ノミ目	10
ノリウツギ	201,206

は

ハイイロセダカモクメ	29,**197**
ハエトリグモ科	91,107,273
ハエ目	10,32,81,85,86,88,100, 218,219,221,223
ハクモクレン	168,212
ハゴロモ科	238
ハサミムシ目	11
ハゼノキ	153,247
パセリ	120
ハダカベニコケガ	65
ハチ目	11,69,77,78,80,84, 86〜88,90,99,222
ハチモドキハナアブ	85,**221**,275
バッタ科	20,21,25,55,67,258,259, 261,263,265,267
バッタ目	11,14,15,20,21,25,53,55, 60,67,93,253,255〜259, 261,263,265,267
ハナアブ科	32,81,85,86,221,223,242
ハナカマキリ科	90,247
ハナグモ	29
ハナダケサシ	201
ハネカクシ科	91,92,99
ハバチ科	69,77,78,80,99,222
ハバビロコブハムシ	74
ハマオモトヨトウ	77,199
ハマキガ科	49,70
ハマキモドキガ科	107
ハムシ	94,235
ハムシ科	70,71,73,74,96,97,100, 208,209,211
バラ	165,166
ハラブトハナアブ	86
ハリガネムシ	247
パンジー	131
ビークマーク	126,129
ヒオドシチョウ	45
ビオラ	131
尾角	50,51,144,148,153,154, 275
ヒカゲチョウ	21,126
尾脚	27,172,175,176,275
ヒグラシ	40,229
ヒサカキ	160,189,190
ヒシバッタ科	242
尾状突起	76,120,129,275
ヒトツモンイシノミ	41
ヒトリガ	106
ヒトリガ科	65,79,84,87,106
ヒトリモドキガ科	199
ヒノキ	18,19
ヒバリモドキ科	67
ヒメアトスカシバ	84,**142**
ヒメウラナミジャノメ	126
ヒメエグリバ	47
ヒメカギバアオシャク	31,33,182
ヒメカマキリ	90,**247**
ヒメカマキリモドキ	83
ヒメカメノコテントウ	236
ヒメキマダラヒカゲ	126
ヒメグモ科	10,18,270
ヒメコスカシバ	84
ヒメシャチホコ	90
ヒメシロモンドクガ	103
ヒメトラハナムグリ	87
ヒメバチ科	88
ヒメハチモドキハナアブ	223
ヒメホソアシナガバチ	9
ヒメヤママユ	15,100,**146**

ヒラアシハバチ	78
ヒラタカゲロウ	66
ヒラタカゲロウ科	66
ヒラタカメムシ科	41
ヒラタムシ科	101
ヒラタヤドリバエ	223
ヒレルクチブトゾウムシ	23
ビロウドツリアブ	219
ビロードスズメ	108,**150**,274
ヒロズイラガ	79
ヒロバウスアオエダシャク	**160**
ヒロバトガリエダシャク	23,75
ヒロバモクメキリガ	116
複眼	120,129,202,220,224, 226,268
フジ	28
フタスジヨトウ	19
フタツメオオシロヒメシャク	58,113,182
フタトガリアオイガ	77
フタナミトビヒメシャク	22
フタホシシロエダシャク	23
フタモンウバタマコメツキ	42,**203**
ブドウ	150
ブドウスズメ	108
ブドウドクガ	103
フトハチモドキバエ	81
ブライヤキリバ	116
扮装擬態	**7**,46,58,68
分断色	119,122,242,275
分類階級	10
平均棍	221,275
ベイツ型擬態	**8**,80,89,94,223
ヘクソカズラ	142,149
ベッコウガガンボ	88,**218**
ベッコウクモバチ	218
ベッコウハナアブ	86
ベニカミキリ	101
ベニスズメ	109
ベニバハナカミキリ	101
ベニヒラタムシ	101
ベニボタル	98,101
ベニボタル科	101
ベニモンアゲハ	104,118,119
ベニモンヨトウ	44
ヘビトンボ目	11
ヘリグロテントウノミハムシ	96
ヘリグロヒメアオシャク	59
変形菌	62,65
ホウセンカ	150
ホシアシブトハバチ	87
ホシヒトリモドキ	199
ホシヒメホウジャク	25,51,**149**
ホシホウジャク	51
ホソアナアキゾウムシ	7,**212**
ホソクシヒゲムシ科	98
ホソクビアリモドキ	91
ホソバシャチホコ	**181**
ホソハマキモドキガ科	77
ホソヘリカメムシ	83,**241**
ホソヘリカメムシ科	83,90,241
ホソミオツネントンボ	**268**
ホタル	98,100
ホタル科	98
ホタルガ	98,100,106
ホタルカミキリ	98
ホタルトビケラ	98,100
ポプラ	174,176

ま

マエキカギバ	24,35
マエグロシラオビアカガネヨトウ	21
マエジロアツバ	65,**191**
マグワ	164
マダラアシゾウムシ	41,**215**,216
マダラエグリバ	69
マダラガ科	100,106,242
マダラカゲロウ科	66
マダラスズ	67
マダラツマキリヨトウ	21
マダラバッタ	25
マツ	18,34,42,147,148,202, 248,257
マツキリガ	19
マツムシ科	14,253
マネキグモ	61
マメ科植物	127,128,241
マライセヒラクチハバチ	80
マルウンカ	95,**236**
マルウンカ科	75,95,235,236
マルチャタテ科	62,243
マルハネフタオ	49,**159**
ミカドトックリバチ	84
ミカン類	123,132
ミズカマキリ	54
ミズキ類	158
ミスジチョウ	50,**133**
ミスジビロードスズメ	109
ミダレカクモンハマキ	49
ミツギリゾウムシ科	92
ミツバ	120
ミツバアケビ	195
ミツバチ	86,87
ミツバチ科	86
ミツバツツジ	182
ミドリシジミ	126
ミドリスズメ	115
ミナミアオカメムシ属	95
ミナミクロホシフタオ	69
ミノガ科	32,72
ミミズク	23,38,40,**231**
ミヤマハハソ	137
ミヤマベニコメツキ	101
ミュラー型擬態	**9**,80,94
眠	90,116,168,275
ムカシトンボ	242
ムカシトンボ科	242
ムシクソハムシ(ナミシクソハムシ)	71,73,**208**
虫こぶ	129,142,145,236,275
ムシヒキアブ科	81,86
ムツキボシツツハムシ	97
ムツボシハチモドキハナアブ	85
ムネアカアワフキ	99
ムネアカオオアリ	93
ムネアカクシヒゲムシ	98
ムネアカトゲコマユバチ	99
ムモンホソアシナガバチ	80,222
ムラクモカレハ	44
ムラサキシキブ	211
ムラサキシャチホコ	27,46,56,109,**171**
ムラサキツバメ	49
ムラサキツマキリヨトウ	21
ムラサキホコリ	65
ムラサキナノコ	84
メイガ科	73,199
迷チョウ	105,118
メスアカケバエ	100
メスアカムラサキ	105
メバエ科	88,223
モクレン	167
モジ	50
モモ	194
モモイロツマキリコヤガ	56
モモブトスカシバ	87
モンウスギヌカギバ	154
モンクロギンシャチホコ	25
モンシロドクガ	174,196
モンスズメバチ	83,205,216
モントガリバ	48,65,71,**157**

や

ヤエヤマエダナナフシ	37
ヤガ科	17,19,21,29,34,44,47, 53～57,60,63～65,69,77, 102,115,116,187,189, 191～193,195～197,199
ヤガタアリグモ	273
ヤゴ	11,66,75,269
ヤサアリグモ	91,273
ヤツボシハムシ	97
ヤドリバエ科	223
ヤナギ	24,96,174～176
ヤナギハムシ	96
ヤノトラカミキリ	82,**205**
ヤノナミガタチビタマムシ	71
ヤマサナエ	66
ヤマトカギバ	**151**
ヤマトマダラバッタ	67,**263**
ヤマノイモ	116
ヤママユガ科	15,79,100,109,112, 145,146
ヤンマ科	75
有鱗目	108
ユウレイガガンボ	262
ユズ	122,275
ユリ	209,210
ユリ科	210
ユリクビナガハムシ	71,**209**
ユリワサビ	220
葉軸	21,128,254
葉柄	14,15,50,54,130,134,143, 168,217,230,240,275
葉脈	15～17,21,26,51～53,56, 124,125,130,132, 134～138,170,189,190, 224,248,254,262,275
ヨコバイ科	30,38,40,71,77,231,233
ヨシ	255
ヨスジノコメキリガ	53
ヨスジトラカミキリ	82
ヨツスジハナカミキリ	82
ヨツボシアカマダラクサカゲロウ	72
ヨツボシテントウダマシ	96
ヨツボシナガツツハムシ	96
ヨツモンクロツツハムシ	97
ヨナグニサン	**145**
ヨモギ	22,29,197,198

ら・わ

ラクダムシ目	11
卵のう	270,271,275
リュウキュウウマノスズクサ	118
リョウブ	232
リョクモンアオシャク	57
リンゴケンモン	102,**196**
リンゴコブガ	75
リンゴドクガ	103
鱗粉	10,11,46,57,173,184
鱗片	44,234
ルイスオオアリガタハネカクシ	91
ルリタテハ	45,111
ワモンサビカミキリ	31

■ 著（写真と文）

川邊　透（かわべ・とおる）

野山探検家。イシス編集学校師範代。Webサイト「昆虫エクスプローラ」「むし探検広場」管理人。「芋活.com」共同管理人。身近な自然にひそむ昆虫を中心に、生きもの愛あふれる生態写真を撮り続け、さまざまなメディアで情報発信している。著書に『新版昆虫探検図鑑1600』（全国農村教育協会）『生きかたイロイロ！昆虫変態図鑑』（共著　ポプラ社）『癒しの虫たち』（共著　リピックブック）がある。

前畑真実（まえはた・まみ）

伊丹市昆虫館職員。Webサイト「芋活.com」共同管理人。イモムシ・ケムシ（チョウ目やハバチ類の幼虫）の野外観察や飼育、写真撮影に注力しており、書籍・雑誌への寄稿やイベント等を通じ、その魅力を広く発信している。2021年には伊丹市昆虫館企画展「魅惑のいもむし・けむし展」を企画。著書に『生きかたイロイロ！昆虫変態図鑑』（共著　ポプラ社）『癒しの虫たち』（共著　リピックブック）がある。

■ 監修

平井規央（ひらい・のりお）

大阪公立大学大学院農学研究科教授。専門は昆虫生理・生態学。チョウ類、水生動物などをテーマに保全生態学的な観点から研究に取り組んでいる。著書に『鱗翅類学入門　飼育・解剖・DNA研究のテクニック』（分担　東海大学出版部）、『チョウの分布拡大』（分担　北隆館）、『日本産チョウ類の滅亡と保護　第8集』（分担　大阪公立大学出版会）などがある。

■ 協力（敬称略　50音順）

上田昇平　西野晶子

■ 写真提供（敬称略　50音順）

五十嵐悠加（P.81　オオハチモドキバエ）
工藤誠也（P.105　カバマダラ、メスアカムラサキのメス・オス）
とよさきかんじ（P.37　タテジマカミキリ／P.82　トラフカミキリ）
松本更樹郎（P.226　コマダラウスバカゲロウ）
毛利　聰（P.32　カギシロスジアオシャクの幼虫）
横田光邦（P.106　シロオビドクガのメス）

■ おもな参考文献

- 有田　豊, 池田真澄（2000）『擬態する蛾 スカシバガ』むし社
- 藤原晴彦（2007）『似せてだます擬態の不思議な世界』化学同人
- 藤原晴彦（2015）『だましのテクニックの進化　昆虫の擬態の不思議』オーム社
- Graeme D. Ruxton, William L. Allen, Thomas N. Sherratt, Michael P. Speed（2018）『Avoiding Attack: The Evolutionary Ecology of Crypsis, Aposematism, and Mimicry(2nd ed.)』Oxford University Press
- 小松　貴（2024）『虫たちの生き方事典　虫ってやっぱり面白い！』文一総合出版
- Martin Stevens（2016）『Cheats and Deceits: How animals and plants exploit and mislead』Oxford University Press
- 宮竹貴久（2022）『「死んだふり」で生きのびる　生き物たちの奇妙な戦略』岩波書店
- 大谷　剛（2005）『昆虫―大きくなれない擬態者たち』農山漁村文化協会
- 上田恵介（1999）『擬態　だましあいの進化論1（昆虫の擬態）』築地書館
- 上田恵介（1999）『擬態　だましあいの進化論2（脊椎動物の擬態・化学擬態）』築地書館
- 海野和男（2015）『自然のだまし絵　昆虫の擬態　進化が生んだ驚異の姿』誠文堂新光社
- W.ヴィックラー（1970）『擬態　自然も嘘をつく』平凡社

● 装丁・本文デザイン・アイコンデザイン・解説イラスト　本多 翔
● キャラクターイラスト　横山寛多
● 校正　栗延 悠

似せかたイロイロ！ 昆虫擬態図鑑

発行　2024年12月　第1刷

©Toru Kawabe & Mami Maehata 2024　Printed in Japan
ISBN978-4-591-18265-9 / N.D.C. 486 / 279P / 27cm

著　　川邊　透・前畑真実
監修　平井規央
発行者　加藤裕樹
編集　原田哲郎
発行所　株式会社ポプラ社
〒141-8210
東京都品川区西五反田3丁目5番8号　JR目黒MARCビル12階
ホームページ　www.poplar.co.jp（ポプラ社）
　　　　　　　kodomottolab.poplar.co.jp（こどもっとラボ）
印刷・製本　大日本印刷株式会社

落丁・乱丁本はお取り替えいたします。
ホームページ（www.poplar.co.jp）のお問い合わせ一覧よりご連絡ください。
読者の皆様からのお便りをお待ちしております。いただいたお便りは制作者にお渡しいたします。
本書のコピー、スキャン、デジタル化等の無断複製は著作権法上での例外を除き禁じられています。
本書を代行業者等の第三者に依頼してスキャンやデジタル化することは、
たとえ個人や家庭内での利用であっても著作権法上認められておりません。